La métagénomique

Développements
et futures applications

Marie-Christine Champomier-Vergès,
Monique Zagorec, coord.

Éditions Quæ

Collection *Savoir-faire*

Faut-il travailler le sol ?
Acquis et innovations pour une agriculture durable
F. Laurent, J. Roger-Estrade, J. Labreuche
2014, 192 p.

Les clémentiniers et autres petits agrumes
C. Jacquemond, F. Curk, M. Heuzet
2014, 368 p.

Torrents et rivières de montagne
Dynamique et aménagement
A. Recking, D. Richard, G. Degoutte, coord.
2013, 352 p.

Qualité du cacao
L'impact du traitement post-récolte
M. Barel
2013, 104 p.

Analyse de sensibilité et exploration de modèles
Application aux sciences de la nature et de l'environnement
R. Faivre, B. Looss, S. Mahévas, D. Makowski, H. Monod, éd.
2013, 352 p.

De la domestication à la transgénèse
Évolution des outils pour l'amélioration des plantes
A. Gallais
2013, 176 p.

Éditions Quæ
RD 10, 78026 Versailles Cedex, France

     ISBN 978-2-7592-2293-3   ISSN 1952-1251

Sommaire

Le terme de métagénomique a été introduit pour la première fois en 1998 par Handelsman et ses collaborateurs[1], même si des études que l'on qualifierait aujourd'hui d'études métagénomiques avaient été publiées dès 1996 par Stein et ses collaborateurs[2]. Ce terme associe le mot « méta » (du grec, signifiant transcendant) au mot génomique, la discipline qui analyse un organisme (un ensemble, une entité vivante) au niveau de son génome. Le génome quant à lui est l'ensemble du matériel génétique, donc des gènes, d'un organisme. La métagénomique est bien effectivement une analyse qui transcende — se situe au-dessus de — l'analyse d'un ensemble de gènes. C'est surtout dans le domaine de la microbiologie que se distinguent de nombreux travaux faisant appel à cette nouvelle discipline. À ce jour, presque tous les éléments présents sur Terre sont étudiés par métagénomique. L'environnement, les sols, les nuages, l'air, l'eau des lacs et des océans, ainsi que les communautés microbiennes associées au monde végétal (la rhizosphère, la phylosphère) et animal (les microbiotes hébergés par les animaux) font l'objet d'études métagénomiques. La communauté scientifique des microbiologistes s'est emparée de cette discipline. Ainsi le sol et l'eau (les océans) ont été parmi les premiers éléments à être investigués par métagénomique. En effet, les limites des méthodes classiques de microbiologie pour décrire les communautés bactériennes extrêmement riches de ces domaines étaient connues. Pour exemple, on estimait que moins de 1 % des bactéries du sol étaient cultivables en milieu de laboratoire. Les microbiotes associés au règne animal et en particulier ceux portés par l'homme ont également bénéficié de la métagénomique car plus de 70 % des bactéries hébergées dans le tractus digestif humain n'étaient pas non plus cultivables avec les milieux et conditions de laboratoire disponibles. L'analyse par métagénomique d'autres écosystèmes, tels que ceux des aliments dont les communautés microbiennes étaient mieux connues, a été plus tardive. Elle a cependant révélé des éléments nouveaux, notamment la présence d'espèces déjà connues mais que l'on considérait comme

1. Handelsman J., Rondon M.R., Brady S.F., Clardy J., Goodman R.M., 1998. Molecular biological access to the chemistry of unknown soil microbes: a new frontier for natural products. *Chem. Biol.*, 5, R245-R249.
2. Stein J.L., Marsh T.L., Wu K.Y., Shizuya H., DeLong E.F., 1996. Characterization of uncultivated prokaryotes: isolation and analysis of a 40-Kilobase-pair genome fragment from a planktonic marine Archaeon. *J. Bacteriol.*, 178 (3), 591-599.

des espèces environnementales et qui n'avaient pas été recherchées dans les aliments. De fait, les aliments véhiculent des communautés microbiennes provenant de différents environnements (sols, eaux, végétaux, microbiotes animaux, etc.). Ces communautés microbiennes des aliments, une fois ingérées, peuvent transiter voire coloniser durablement le tractus digestif humain après consommation. Ainsi, les frontières entre les communautés microbiennes des mondes vivants (animal, végétal) et minéral (sol, air, eau) commencent à tomber, nous faisant prendre conscience de l'omniprésence du monde bactérien dans notre quotidien.

La métagénomique permet une profondeur d'analyse qui n'était pas accessible auparavant. En effet, les techniques de séquençage ont atteint un tel débit que des espèces bactériennes minoritaires peuvent être détectées maintenant parmi des centaines de milliers ou des millions de lectures alors que les approches de microbiologie classique ou même de criblage ne le permettaient pas. Une quantification relative des différentes communautés bactériennes est également possible. Enfin, grâce au déluge de séquences génomiques bactériennes désormais disponibles, les données de métagénomique peuvent aboutir à l'identification des communautés microbiennes au niveau du genre et même de l'espèce.

Avec la même logique et des techniques similaires, la métatranscriptomique a vu le jour. Elle permet de connaître les gènes exprimés ainsi qu'une quantification relative de leur niveau d'expression. Ainsi, non seulement les communautés microbiennes mais également les fonctions qu'elles expriment potentiellement peuvent être connues.

La métagénomique est encore une discipline jeune. On lui reproche souvent de n'être que descriptive. Cependant, elle permet une description bien plus exhaustive qu'auparavant et des analyses approfondies allant au-delà de la description commencent à voir le jour

1

Techniques et matériels pour la production des données brutes de séquençage métagénomique

Benoît Remenant, Stéphane Chaillou

Introduction

Au cours des dix dernières années, la métagénomique a permis des avancées considérables en écologie microbienne, notamment pour la mesure de la diversité et de l'évolution du monde microbien. De nombreux laboratoires de recherche sont désormais engagés dans ce champ thématique, entraînant le développement d'un vaste pan de connaissances méthologiques et d'expertises pour lesquelles il est préférable de posséder un guide pratique. En effet, il existe plusieurs façons d'analyser le métagénome d'un environnement donné. L'avancée rapide qu'ont connue les technologies de séquençages permet aujourd'hui de séquencer l'ensemble de l'ADN d'un échantillon (séquençage direct), les analyses computationnelles se chargeant ensuite de réassembler les séquences obtenues entre elles et de les réattribuer à des organismes ou à des catégories biologiques fonctionnelles (de type *Clusters of Orthologous Proteins*). Ce type d'analyses donne accès à l'ensemble des fonctions d'un écosystème mais génère une telle quantité de données qu'il peut être parfois difficile d'extraire les informations pertinentes. Une autre façon de procéder est de transférer l'ADN métagénomique dans une banque de clones, et de cribler cette banque pour l'expression de fonctions en particulier. On parle alors de métagénomique fonctionnelle, et seuls certains clones, dont la réponse lors d'un criblage aura été intéressante, seront séquencés. Cette approche, beaucoup plus ciblée, permet notamment la découverte de nouvelles molécules ou d'enzymes, à partir de l'environnement étudié. La métatranscriptomique, plus communément étiquetée sous le terme d'analyse RNA-Seq est, quant à elle, une démarche qui vise à séquencer en masse l'ADNc issu de la rétrotranscription des ARN messagers d'un environnement complexe. Cette stratégie représente une étape souvent menée en aval de la métagénomique, car elle nécessite l'acquisition préalable de références pan-, supra- ou méta-génomiques (échelle de l'espèce, du genre ou de l'écosystème, respectivement). Elle permet entre autres d'étudier le rôle de facteurs environnementaux sur l'expression des fonctions biologiques clés d'un écosystème. Toutefois, si l'objectif est seulement d'étudier la diversité microbienne en termes de richesse taxonomique (aussi appelée diversité α), ou pour une analyse différentielle de la structure des communautés microbiennes (diversité β), une approche de type séquençage d'un amplicon peut être réalisée, typiquement l'ADN ribosomique codant pour la petite sous-unité 16S (SSU) pour les procaryotes ou 18S pour les eucaryotes. Dans ce cas, seules les informations des taxons présents dans l'échantillon seront analysées. Ainsi, ces approches variées répondent chacune à un niveau différent du questionnement scientifique sur les écosystèmes microbiens, lequel est lié à sa complexité et au degré des connaissances déjà acquises par la communauté scientifique. Pour les environnements encore peu connus et très stratifiés, on préférera la démarche d'analyse taxonomique par amplicon, pour ensuite initier des stratégies adaptées mais plus globales de métagénomiques et métatranscriptomiques.

Un projet de métagénomique se divise donc en deux parties distinctes : la première partie implique des techniques de génomique et de séquençage, la seconde implique les analyses computationnelles des données de séquençage. Nous traiterons dans ce chapitre de la partie génomique et séquençage, et résumerons les pratiques courantes utilisées pour mener avec succès un projet de métagénomique.

Quelle que soit l'approche, l'ADN ou l'ARN séquencé se doit d'être le plus représentatif possible de l'échantillon de départ. De plus, l'échantillon lui-même se doit d'être le plus représentatif possible de l'environnement dans lequel il est prélevé. L'échantillonnage ou la préparation des échantillons sont donc autant d'étapes importantes, car susceptibles d'introduire des biais significatifs, qui fausseront les analyses malgré l'utilisation de protocoles avancés de normalisation statistique.

Il n'existe pas à ce jour de méthode ou de procédure infaillible. Néanmoins, avant que les données de séquençage ne soient produites, il est nécessaire de porter une réflexion préalable sur trois étapes clés :

1 - le design expérimental de l'échantillonnage,
2 - la préparation de l'échantillon et l'extraction des acides nucléiques,
3 - les procédures éventuelles d'amplification par réaction en chaîne par polymérase (*polymerase chain réaction*, PCR) associées ou non à la technique de séquençage.

Design expérimental et échantillonnage

L'échantillonnage est séquentiellement la première et la plus cruciale des étapes d'un projet de métagénomique. Un échantillonnage se définit comme la réduction massive d'un ensemble et/ou d'une population donnés par la sélection de certaines sous-unités, dans le but d'obtenir un échantillon vrai. Dans un échantillonnage correct, chaque constituant doit avoir la même probabilité d'être sélectionné, et l'intégrité de chaque élément sélectionné doit être respectée, de sorte que les résultats de l'analyse de l'échantillon puissent être attribués à l'ensemble du matériel

(Gy, 2004). Pour que cette condition soit respectée, l'environnement échantillonné devrait être parfaitement homogène, c'est-à-dire que tous ses éléments constitutifs devraient être identiques. Mais si l'homogénéité peut facilement être définie mathématiquement, elle n'est jamais observée dans les systèmes réels. Au mieux, il peut s'agir d'un système hétérogène bien homogénéisé, où chacun des constituants est distribué aléatoirement dans la matrice, mais souvent la distribution de chacun des constituants dans le matériau est modulaire, voire ségrégée. L'échantillonnage représente donc une source importante d'erreur ou d'imprécision (Gerlach *et al.*, 2003), qu'il convient au mieux de connaître et de maîtriser.

Dans un environnement aussi complexe que le sol, il a été montré qu'une analyse d'un amplicon par pyroséquençage pouvait faire l'objet de nombreux biais, rendant l'analyse de la richesse spécifique peu reproductible (Zhou *et al.*, 2011). Augmenter l'effort d'échantillonnage, en adaptant la stratégie d'échantillonnage à l'environnement étudié, et augmenter le nombre de réplicats (biologiques et techniques) seraient donc le meilleur moyen d'améliorer la reproductibilité. Quoi qu'il en soit, le design expérimental devrait être dicté par la question posée et le type de matrice étudiée, plutôt que par des restrictions techniques ou opérationnelles (Thomas *et al.*, 2012 ; Zhang *et al.*, 2013).

Les aspects spatiaux et temporels sont importants à prendre en compte. Il est ainsi évident que la taille de l'échantillon et la répartition spatiale des éléments que l'on souhaite doser doivent être corrélées pour obtenir des résultats représentatifs de la situation étudiée. L'imprécision fondamentale due à l'échantillonnage peut surtout être réduite en diminuant le diamètre des plus grosses particules. Le broyage de l'échantillon a pour résultat de diminuer la taille des particules et de les homogénéiser, permettant ainsi de travailler sur des échantillons plus petits (Gerlach *et al.*, 2003), ce qui s'avère bien plus efficace que de travailler sur une fraction aliquote. Selon une démarche un peu semblable, des stratégies d'assemblage dites de *pooling* sont parfois réalisées entre échantillons indépendants afin d'homogénéiser la trop forte variabilité des communautés observées à une faible profondeur d'analyse. Toutefois, ces stratégies présentent parfois le risque d'introduire des biais d'observation entre espèces ou entre phylum (Manter *et al.*, 2010). Par ailleurs, il est préférable de réaliser le *pooling* après les étapes éventuelles d'amplifications par PCR. Dans le cas contraire, le *pooling* d'ADN réduit la capacité à capturer la diversité des échantillons assemblés.

Dans un environnement hétérogène, il existe plusieurs niveaux de structuration spatiale des communautés microbiennes. Dans le sol, un sous-échantillonnage centimétrique peut montrer une hétérogénéité de la structure des peuplements microbiens qui n'était pas apparente dans un échantillonnage plus distant (Ritz *et al.*, 2004). Ainsi, en fonction de la question posée, la structure des communautés microbiennes peut aussi bien être recherchée à micro-échelle (en cohérence avec les unités fonctionnelles du sol) qu'à une échelle plus grande, pour des aspects plus globaux de la biodiversité. En somme, la probabilité d'observer une espèce au sein d'une communauté très large dans un environnement très hétérogène dépendra de son abondance dans la communauté, de la taille de l'échantillon et de la distribution spatio-temporelle des espèces de manière individuelle (Plotkin et Muller-Landau, 2002).

Toutefois, en raison de l'extrême complexité des écosystèmes naturels, il reste relativement difficile de mesurer l'abondance et la nature de toutes les espèces ou de toutes les unités biologiques fonctionnelles à toutes les échelles écologiques d'un environnement. Afin de tester les meilleures stratégies à mettre en œuvre (nombre contre taille des échantillons) lors d'une analyse métagénomique sur un environnement *a priori* peu connu, il est conseillé par exemple d'établir des simulations mathématiques appliquées à des pré-tests aléatoires d'échantillonnage et volontairement sous-dimensionnés (Zhou *et al.*, 2013). D'une autre manière, ces prédictions mathématiques peuvent être conduites sur des jeux de données simulés construits à partir des connaissances déjà acquises sur ces écosystèmes. Il conviendra alors d'ajuster la profondeur de séquençage (nombre de séquences par échantillon) à la stratégie choisie. Certaines de ces études, menées par exemple sur des communautés microbiennes de sol, ont démontré l'avantage des grandes quantités d'échantillons à faible effort de séquençage par rapport aux petits nombres d'échantillons analysés avec une grande profondeur de séquençage (Kuczynski *et al.*, 2010). Toutefois, le séquençage à forte profondeur restera de prédilection pour la compréhension des mécanismes écologiques subtils ou pour appréhender le rôle d'espèces sous-dominantes ou rares.

Préparation des échantillons et extraction des acides nucléiques

Isoler l'ADN à partir d'échantillons environnementaux est une étape critique, d'autant plus que la préparation des librairies pour les technologies de séquençage à haut débit requiert de grandes quantités d'ADN, de l'ordre d'une dizaine, voire plusieurs dizaines, de microgrammes. L'objectif est de lyser les cellules, par des moyens chimiques, physiques et/ou biologiques, pour extraire uniquement leur ADN. En effet, la co-extraction de composés naturels est susceptible de rendre l'utilisation ultérieure de l'ADN extrait difficile, en empêchant par exemple la lyse des cellules, en le dégradant ou en le capturant, ou encore en agissant comme inhibiteur des réactions enzymatiques (Wilson, 1997). Ainsi, dans les sols, les composés phénoliques, l'acide humique ou les métaux lourds sont connus pour être des inhibiteurs de PCR. Dans l'environnement alimentaire, les inhibiteurs sont plutôt le glycogène ou le gras, alors que dans les échantillons cliniques, l'hémoglobine, l'urée ou l'héparine sont concernés.

Les inhibiteurs enzymatiques peuvent parfois être contournés en jouant sur les paramètres de la réaction (par exemple en ajoutant du diméthylsulfoxyde lors d'une réaction de PCR), mais il est plus avantageux encore d'essayer d'obtenir un ADN avec le moins possible de contaminants environnementaux. Différents types de traitements peuvent être combinés pour maximiser la lyse des cellules. Pour isoler spécifiquement les acides nucléiques, des purifications à l'aide de phénol/chloroforme permettent de se débarrasser des protéines et de certains contaminants. Cependant, ces méthodes sont souvent fastidieuses à mettre en place et des kits commerciaux pour l'extraction d'ADN existent. En général, ces kits sont développés pour toutes sortes de matrices (sols, plantes, sang, matrices alimentaires, etc.) et permettent d'isoler l'ADN (en général sur des colonnes d'affinités ou sur des billes aimantées) en se débarrassant des principaux contaminants. Par ailleurs, certaines pratiques assez courantes dans les analyses de détection d'espèces bactériennes par PCR quantitative consistent à éliminer les effets des inhibiteurs par dilution de l'ADN extrait ou de l'échantillon (Fode-Vaughan *et al.*, 2001). L'efficacité des kits reste néanmoins très dépendante de la nature de l'échantillon et les rendements d'extraction peuvent être très mauvais (sols contaminés par des métaux lourds par exemple). Ainsi, les méthodes plutôt traditionnelles de purification utilisant le phénol/chloroforme bénéficient toujours d'un meilleur rendement global quand on les compare aux kits d'extraction sur colonnes d'affinité. Si le choix quantité plutôt que qualité ne se pose pas pour les écosystèmes microbiens enrichis (de type microbiote intestinal), le rendement d'extraction reste néanmoins un point crucial pour les environnements paucimicrobiens (comme les eaux souterraines, l'air, les biofilms de surfaces, les biopsies et les aliments non-fermentés).

Pour pallier à la co-extraction de composés naturels inhibiteurs lors de l'extraction directe d'ADN métagénomique, une méthode indirecte peut être également utilisée, en séparant d'abord les bactéries de leur environnement, puis en réalisant une extraction d'ADN *ex-situ*. Ce type de stratégie s'applique aussi lorsque la communauté microbienne ciblée est associée à un hôte (invertébrés, plantes) dont le génome, particulièrement large, risque de noyer les séquences d'origine microbienne dans les efforts de séquençage. Pour cela, des méthodes par centrifugations successives à faible vitesse sont utilisées pour séparer les cellules de la matière environnementale (Lindahl et Bakken, 1995), ou le recours à des centrifugations sur gradients différentiels, tels ceux utilisés sur couches de Nicodenz (Lindahl et Bakken, 1995). D'autres techniques, plus sophistiquées, impliquent des étapes de filtrations et de cytométrie de flux afin d'enrichir la fraction ciblée comme par exemple la fraction virale d'un écosystème (Venter *et al.*, 2004 ; Angly *et al.*, 2006 ; Palenik *et al.*, 2009). Les méthodes indirectes permettent de diminuer sensiblement la présence d'inhibiteurs et d'extraire des fragments d'ADN de plus grande taille (> 20 kpb). Cependant, avec ce type d'extraction, les bactéries solidement adsorbées à leur matrice sont en général éliminées, apportant un biais potentiel en termes de diversité lors de l'analyse.

Toutes les bactéries ne réagissent pas de manière égale face à une même méthode d'extraction d'ADN. Des bactéries peuvent être protégées des étapes de lyse à l'intérieur des micro-environnements de l'échantillon. De plus, les bactéries à Gram-positif et à Gram-négatif possèdent des différences fondamentales dans la structure de leurs enveloppes respectives qui font qu'elles ne sont pas sensibles aux mêmes stress physiques ou chimiques. Le moyen le plus sûr pour évaluer un protocole d'extraction reste la stratégie d'ensemencement artificiel de l'échantillon environnemental par des quantités variables d'une espèce ou d'un jeu d'espèces (le terme *spiking* est communément utilisé en anglais). Cette démarche permet de s'assurer que l'extraction de l'ADN fonctionne de manière homogène entre les différents genres, voire entre les différents phylums bactériens. Ainsi, le protocole peut éventuellement être modifié et amélioré en amont du processus de collecte des échantillons. Le *spiking* est donc fortement à conseiller si l'échantillonnage concerne des environnements difficiles à obtenir (par exemple les fonds marins hydrothermaux) ou si l'échantillonnage de microbiotes s'effectue sur des cohortes cliniques d'individus ou d'animaux. De manière alternative, il est possible de réaliser du *spiking* directement avec de l'ADN en quantité connue et provenant d'une espèce bien identifiée. Cette fois, on vise à déterminer la présence potentielle d'inhibiteur de PCR dans l'ADN extrait. Le *spiking* est un atout pour l'expérimentateur mais il ne peut malheureusement pas résoudre la problématique liée aux espèces non connues et/ou non cultivables.

D'une manière générale, ces dernières années, les méthodes d'extraction d'ADN ont peu évolué. La variabilité entre les protocoles métagénomiques réside donc principalement dans le choix des kits d'extraction, dans la procédure de broyage des échantillons, dans le choix de séparer ou non le microbiote de sa matrice. Dans certains cas, le délai entre l'étape d'extraction de l'ADN et sa congélation pour conservation peut être crucial. Dans le cas du microbiote fécal humain par exemple, une analyse comparative de différents projets indépendants a démontré que la variabilité de composition du microbiote observée dans la méta-analyse était principalement due aux biais techniques des protocoles d'extraction d'ADN et de séquençage plutôt qu'aux différentes procédures en aval, d'assemblage, de tri, d'annotation et d'analyses biostatistiques (Lozupone *et al.*, 2013). Progressivement, des initiatives se développent pour changer les paradigmes techniques obsolètes et unifier les méthodes d'extraction d'ADN afin d'assurer des compatibilités comparatives et envisager une analyse plus globale du microbiome terrestre sur des dizaines de milliers d'écosystèmes (Knight *et al.*, 2012).

L'amplification par PCR est au cœur de nombreuses études en métagénomique que ce soit en tant que processus d'enrichissement d'un locus génétique ou d'un ensemble métagénomique (amplicon ADNr 16S, par exemple), ou en tant que processus de séquençage. Le processus de PCR est compétitif, si bien que les espèces à faible abondance seront amplifiées proportionnellement avec moins d'efficacité que celles présentes à forte abondance dans l'échantillon (Reysenbach *et al.*, 1992 ; Polz et Cavanaugh, 1998). De nombreux autres paramètres peuvent être à l'origine de biais et provoquer l'émergence de séquences chimériques. La formation de ces chimères provient d'une extension avortée au cours d'un cycle lors de la PCR. Le produit d'extension avorté peut néanmoins servir d'amorce à une molécule matrice non spécifique lors du cycle suivant, générant ainsi une séquence artificielle qui n'a aucune réalité biologique. Le degré de formation des chimères peut être très variable car il dépend du degré de conservation du locus amplifié et des conditions d'amplification lors de la PCR (Haas *et al.*, 2011). Dans le cas de l'ADNr 16S, qui est l'exemple type d'une molécule très conservée entre espèces, le taux de formation de chimères peut atteindre 30 % des amplicons produits (Wang et Wang, 1997). Ce taux dépendra également d'autres paramètres tels que les amorces choisies (Wu *et al.*, 1991), le pourcentage de guanine et cytosine (GC %) des régions cibles à amplifier (Reysenbach *et al.*, 1992) et des cycles d'amplifications (Ishii et Fukui, 2001). Par exemple, il a été démontré que la région V6-V9 de l'ADNr 16S est plus sensible (~ 3 %) à la création de chimères que la région V1-V5 (Haas *et al.*, 2011). De nombreux sites web dédiés à l'analyse des amplicons de l'ADNr 16S ou à la détection des molécules chimériques proposent des guides de bonnes pratiques pour les amplifications par PCR dédiées à la métagénomique. Toutefois, il n'est pas possible techniquement de réduire totalement ce biais et les séquences chimériques doivent faire l'objet d'une recherche spécifique par des méthodes computationnelles.

En plus de la genèse de séquences chimériques, les étapes de PCR, et particulièrement celles impliquées dans les étapes ultérieures de séquençage, peuvent générer des distorsions dans la réelle abondance des espèces. La technologie de pyroséquençage 454 est connue pour légèrement sous-représenter les séquences dont le GC % est supérieur à 60 % (Pinto et Raskin, 2012). L'utilisation des « tags » lors du séquençage multiplex peut aussi être à l'origine de biais d'amplification liés à ces séquences code-barres (Cai *et al.*, 2013).

Afin de minimiser l'ensemble de ces biais, il est fortement recommandé que le produit issu de la PCR qui sera analysé par séquençage haut débit résulte d'un mélange équimolaire de produits de PCR réalisés en triplicata. De façon identique, le séquençage devra faire l'objet d'une analyse en réplicats (2 minimum). Cette stratégie de bonnes pratiques doit être prise en compte dès l'amont du projet et sur le calcul du dimensionnement du séquençage car de nombreuses revues scientifiques, spécialisées dans les études métagénomiques, exigent désormais leur mise en œuvre comme critère de publication.

Le séquençage à haut débit

Depuis le premier brin d'ADN séquencé en 1977, par les équipes de Frederick Sanger d'une part (Sanger *et al.*, 1977), et de Allan Maxam et Walter Gilbert d'autre part (Maxam et Gilbert, 1977), les technologies de séquençage ont très rapidement évolué. Les technologies de séquençage à haut débit (ou NGS, pour *Next Generation Sequencing*) permettent aujourd'hui de séquencer en parallèle des centaines de milliers de brins d'ADN, et donc de diminuer drastiquement les coûts, rendant le séquençage beaucoup plus accessible à la majorité des équipes de recherche.

Toutes les méthodes NGS actuellement disponibles ne se valent pas en termes de coûts. Même si ceux-ci ont beaucoup diminué, le séquençage reste un poste de dépense conséquent dans un projet de recherche. Les différentes technologies NGS diffèrent également au niveau de leur précision (taux d'erreur de séquençage) et du nombre et de la longueur des séquences générées. Le choix d'une technologie de séquençage a également un impact sur le traitement des fichiers en aval. Selon la technique choisie, les fichiers de sortie ne seront pas les mêmes (c'est particulièrement vrai pour les technologies utilisant les espaces colorimétriques), et pourront ou devront être traités de manières différentes lors des analyses computationnelles.

Les technologies NGS ont vu le jour vers 2005 et n'ont pas cessé d'évoluer depuis cette date avec une fréquence d'apparition de nouvelles générations tous les 4 ans environ. Les améliorations successives ont d'abord visé l'augmentation de la longueur des lectures et de la profondeur de séquençage. Les échelles de séquençage sont désormais tellement importantes que le stockage des données et les capacités computationnelles des clusters de calculs sont désormais les facteurs limitants à l'analyse. Les nouvelles générations encore en développement se focalisent donc davantage sur la réduction des coûts, sur une meilleure rentabilité de l'investissement des machines, sur leur miniaturisation et sur des technologies qui visent à minimiser les biais en essayant d'obtenir une information de séquençage la plus proche de l'état natif de l'ADN ou de l'ARN au sein des organismes. Du fait de ces évolutions permanentes, il est peu judicieux d'en faire ici une synthèse comparative qui risque d'être rapidement obsolète. On pourra se référer à la version anglophone de l'encyclopédie libre Wikipedia (http://en.wikipedia.org/wiki/DNA_sequencing), dont la mise à jour est entretenue par une communauté scientifique très active, et qui regorge d'informations très détaillées sur les technologies NGS.

Avantages et désavantages pour la métagénomique des technologies NGS les plus populaires

Pyroséquençage 454/Roche (apparition en 2005)

Avec la méthode du pyroséquençage (technologie 454), la séquence d'ADN est déterminée en direct lors de la synthèse d'ADN qui s'effectue lors d'une PCR en émulsion (Ronaghi *et al.*, 1996). Pour avoir un signal détectable lors de la lecture de la séquence, les brins d'ADN sont individuellement fixés à des billes microscopiques, chacune de ces billes étant par la suite placée séparément dans un des puits d'une plaque picotitre (comportant au total 1,7 million de puits). L'ADN est alors amplifié pour donner un grand nombre de molécules identiques par puits. Pour lire la séquence d'ADN, les désoxyribonucléotides triphosphates sont ajoutés séquentiellement, et à chaque incorporation de nucléotide complémentaire sur le brin d'ADN, la libération d'un pyrophosphate inorganique conduit à une réaction enzymatique couplée à une luciférase qui produit alors un photon. Ces photons sont détectés par un capteur colorimétrique, et la succession des signaux détectés permet d'interpréter quelles bases ont été ajoutées et dans quel ordre.

Le pyroséquençage permet d'obtenir des lectures très longues par rapport aux autres méthodes de séquençage de nouvelle génération. Cette longueur de lecture obtenue facilite grandement l'assemblage ultérieur des séquences, et permet également de séquencer de grands fragments d'un gène en particulier dans une communauté microbienne (gène de l'ADNr 16S par exemple), faisant de cette technologie la référence pour l'analyse taxonomique de la diversité par séquençage. Cependant, cette méthode est aussi la plus onéreuse, et le risque d'obtenir des erreurs de séquençage est en général plus élevé notamment dans les régions homopolymériques où le signal colorimétrique sature. L'autre désavantage du pyroséquençage est sa proportion à introduire des insertions/délétions (souvent d'une paire de base), un phénomène qui génère lors des analyses taxonomiques sur amplicon (type ADNr 16S) un phénomène d'inflation de la diversité (Schloss *et al.*, 2011). Toutefois, le pyroséquençage reste la technologie la plus fiable pour de longues lectures, notamment avec la nouvelle génération de GS-FLX++ titanium capables de lire jusqu'à 900 pb. Il s'agit donc d'une technique de choix pour l'assemblage de génomes riches en régions répétées.

Séquençage Illumina/Solexa (apparition en 2006)

La technique de séquençage Illumina, développé par Solexa, est également basée sur la synthèse de l'ADN (Bentley *et al.*, 2008). La préparation du séquençage consiste à fixer sur une cellule en verre les brins d'ADN simple brin grâce à des adaptateurs (ajoutés lors de la préparation des échantillons). Ces brins d'ADN sont ensuite directement amplifiés sur la surface de la cellule en verre, et il en résulte des zones de très fortes densités d'ADN double brins, à l'intérieur desquelles tous les brins sont identiques. Le séquençage proprement dit commence lorsque les quatre agents de terminaison réversibles marqués, les amorces et l'ADN polymérase sont ajoutés simultanément. Un laser permet d'exciter le marquage, différent pour chacune des quatre bases azotées, et le signal est enregistré à l'aide d'une caméra. Le cycle suivant permet de connaître quelle base a été ajoutée en seconde position, et en répétant ces mêmes cycles sur toute la longueur du brin d'ADN, la séquence peut en être déterminée.

Avec cette technologie, les lectures sont en général plus courtes qu'avec le pyroséquençage (de l'ordre de 100 pb), rendant l'assemblage un peu plus compliqué. En revanche, grâce à l'énorme densité des clusters sur un canal d'analyse, la technologie Illumina possède une puissance de séquençage bien supérieure à celle du pyroséquençage puisque 150 millions de lectures sont obtenues par run (version Hiseq2000 ~15 fois supérieure à celle du 454). Par ailleurs, les dernières améliorations de la technologie (Miseq) permettent d'obtenir des lectures de plus en plus longues (jusqu'à 300 pb), sans toutefois pouvoir concurrencer le pyroséquençage. Le prix, très bas, permet cependant de pallier ce problème en augmentant la profondeur de séquençage et donc en séquençant un nombre bien plus important de lectures, ce qui laisse présager que cette technologie deviendra le standard des analyses taxonomiques par amplicon de l'ADNr 16S (Fadrosh *et al.*, 2014). Le faible coût de cette technologie et les récents succès dans la génération de séquences génomiques brouillons (séquences *draft* dans le jargon scientifique) et de métagénomes ont progressivement rendu cette technologie très populaire.

Séquençage par ligation SOLiD (apparition en 2007)

Contrairement aux méthodes de pyroséquençage 454 et Illumina, le séquençage SOLiD ne repose pas sur l'amplification du brin d'ADN, mais sur la ligation d'oligomères marqués sur l'ADN (McKernan *et al.*, 2009). La préparation du séquençage consiste en une amplification des brins d'ADN sur une microbille, qui est ensuite placée sur une surface en verre pour le séquençage. La première étape du séquençage proprement dit consiste à hybrider une amorce, de longueur n, et complémentaire à un adaptateur préalablement fixé aux brins d'ADN. Des oligomères de 8 nucléotides (8-mère), comportant des marquages différents selon les deux premières bases du 8-mère, sont ajoutés et s'hybrident à la suite de l'amorce, à l'aide d'une ADN ligase, si la séquence est complémentaire. Chaque étape de ligation est suivie par la détection de la fluorescence, puis d'une étape de régénération où la fluorescence est retirée avec les 3 dernières bases du 8-mère. En répétant cette opération avec des amorces de longueur n-1, n-2, n-3 et n-4, les cinq premiers nucléotides de la séquence peuvent être déterminés, et en répétant les opérations de ligation sur tout le brin, sa séquence sera déterminée sur toute sa longueur.

Cette technologie est également, avec Illumina, l'une des moins chère actuellement. Elle présente cependant l'inconvénient d'être moins rapide et de produire des biais sur les séquences palindromiques (Huang *et al.*, 2012). L'avantage principal de la technologie SOLiD reste donc la profondeur de lecture à un faible coût, mais avec des lectures plus petites, et donc plus difficiles à assembler, en particulier dans les zones répétées. Wommack *et al.* (2008) ont comparé l'analyse des résultats de pyroséquençage à partir de lectures courtes (100 à 200 pb) par rapport à des lectures longues (750 pb) pour l'analyse d'un même métagénome de virio-plancton. Ils ont notamment montré qu'il était préférable d'augmenter la longueur des lectures plutôt que la profondeur de l'analyse, les lectures les plus courtes ayant une capacité significativement plus réduite pour détecter des homologues dans une base de données avec BLAST. Cette différence entre lectures longues et lectures courtes est d'autant plus marquée que la valeur *E-value* est stringente (Delmont *et al.*, 2013).

Séquençage par ions semi-conducteurs Ion Torrent (apparition en 2010)

Cette technologie est très proche du pyroséquençage et en possède donc les mêmes avantages et désavantages. Cette fois, le signal de polymérisation de l'ADN est capturé lors de la libération du proton grâce à une nano électrode à pH (Rothberg *et al.*, 2011). Cette technologie n'a pas encore atteint la longueur des séquences du 454 (maximum 250 pb pour l'instant), mais l'énorme avantage de la technologie Ion Torrent reste la réduction du coût de revient des séquences et la miniaturisation de l'appareil (de la taille d'un gros thermocycleur) qui en fait également l'appareillage NGS le moins cher du marché. L'apparition de la technologie Ion Torrent a donc apporté un tournant important dans la popularisation des technologies NGS au sein des laboratoires de recherches.

Séquençage en temps réel de molécules uniques PacBio (apparition en 2011)

Cette technologie se distingue largement des précédentes par sa capacité à analyser et produire de longues séquences jusqu'à 30 kb, pour une moyenne de 5 kb. Le premier génome séquencé par cette méthode a été publié en 2009 (Eid *et al.*, 2009). Le séquençage se réalise sur une molécule unique d'ADN par une molécule unique de l'ADN polymérase, elle-même capturée et confinée à l'intérieur de structures nanophotoniques de 70-100 nm appelées ZMW (*zero-mode waveguide*). Lors de la synthèse de l'ADN, l'incorporation des nucléosides triphosphates couplés à des marqueurs de fluorescence spécifiques vont libérer un signal fluorescent de faible intensité qui sera néanmoins capturé de manière très efficace à l'intérieur des cellules ZMW, évitant ainsi toute perturbation photonique d'une cellule à une autre. En comparaison aux autres technologies NGS, le système PacBio possède un débit faible (50 000 lectures par run), un coût élevé et un taux d'erreur important. Son utilisation est donc dédiée à l'assemblage *de novo* de génomes ou métagénomes très complexes plutôt qu'au séquençage en masse. En particulier, la production de longues séquences se révèle un outil très important pour le re-séquençage de génomes et la correction des erreurs d'assemblages.

Les futures technologies

Les technologies NGS dites de troisième génération tentent pour la plupart de s'affranchir de l'étape d'amplification par PCR et de l'utilisation de marqueurs de fluorescence afin de garantir une analyse de séquençage la plus proche possible de l'état natif de l'acide nucléique analysé. Ces technologies visent également à miniaturiser encore plus la composante matérielle pour laquelle l'investissement est souvent onéreux. Les biologistes nourrissent de grands espoirs sur certaines de ces technologies, en particulier dans le domaine de la transcription et des analyses RNA-Seq, car certaines d'entre elles permettraient d'accéder au séquençage des molécules d'ARN natives sans passage par la rétro-transcription. Nous citerons pour seul exemple celui du séquençage par transit d'un simple brin d'acide nucléique à travers des nanopores constitués d'alpha-hémolysine liée de manière covalente à de la cyclodextrine (dela Torre *et al.*, 2012). L'acide nucléique passant par le nanopore change son courant d'ion. Ce changement dépend de la forme, de la taille et de la longueur de la séquence d'ADN. Chacun des nucléotides constituant l'acide nucléique bloque le flux d'ion par le pore pendant une période de temps différente et qui lui est spécifique, permettant ainsi la reconstitution en temps réel de la séquence. Toutefois, la résolution de séquençage à l'échelle du nucléotide n'est pas encore disponible. Beaucoup de ces technologies de nouvelle génération ont fait l'objet d'études plutôt ciblées et d'effets d'annonces importants en termes de marketing (la technologie nanopore pourrait se miniaturiser à l'échelle d'une clé USB !), mais à l'heure actuelle aucune n'est commercialisée.

Les banques de clones d'ADN métagénomique

Toutes les bactéries isolées d'un environnement ne sont pas capables de se développer sur des milieux synthétiques de laboratoire. Les raisons en sont multiples, mais le plus souvent, elles résultent du fait que les conditions de leur culture ne sont pas encore bien définies, ou parce que les bactéries ne se trouvaient pas dans un état physiologique approprié (Oliver, 2005). Il s'agit des bactéries viables, mais non cultivées. Dans le sol par exemple, on estime que plus de 99 % des bactéries ne peuvent pas être cultivées sur milieux de cultures (Torsvik et Ovreas, 2002).

L'analyse de l'ADN métagénomique permet de s'affranchir de ces étapes de mise en culture. Cependant, pour une approche plus fonctionnelle de la diversité des micro-organismes, il est difficile de ne pas passer par des étapes de mise en culture et d'enrichissement afin d'identifier efficacement les gènes d'intérêt. La création d'une banque de clones recombinants, contenant chacun un fragment d'ADN métagénomique dans un vecteur adapté, permet à la bactérie hôte (en général *Escherichia coli*) de pouvoir exprimer des gènes de ce métagénome, mais en conditions de cultures contrôlées (Rondon *et al.*, 2000). Le criblage de cette banque de clones par PCR, par hybridation ou bien par l'analyse chimique des surnageants de cultures permettra d'identifier rapidement les clones porteurs d'un insert d'intérêt, qui pourra ensuite être séquencé pour être caractérisé.

Pour des environnements extrêmes, avec une communauté bactérienne très spécialisée et peu diversifiée, une banque de clone de taille raisonnable peut être obtenue. Par exemple, Tyson *et al.* (2004) ont montré qu'une banque contenant 76 millions de paires de bases (soit environ 23 000 clones) a permis de reconstruire à presque 100 % deux génomes bactériens. Avec des environnements plus complexes, caractérisés par une diversité importante, le problème est cependant différent. Si l'on estime qu'il peut y avoir plus de 10^9 bactéries par gramme de sol frais, représentant plus de 10 000 espèces différentes (Torsvik *et al.*, 1998), c'est une banque de plusieurs dizaines de millions de clones qu'il faudrait pouvoir produire pour espérer cibler l'ensemble des bactéries.

Un autre problème inhérent à ce type de banque de clones est que *E. coli* est parfois incapable d'exprimer tous les gènes qui sont insérés. C'est en particulier vrai pour l'ADN métagénomique issu de sol. Dans ce cas, il est possible de passer par d'autres hôtes, plus proches des bactéries que l'on peut retrouver dans le sol, mais qui sont également capables de se multiplier sur des milieux de cultures synthétiques : *Streptomyces lividans*, *Rhizobium leguminosarum*, *Pseudomonas aeruginosa*, *Pseudomonas putida* ou encore *Ralstonia metallidurans* (Craig *et al.*, 2009 ; McMahon *et al.*, 2012). Il s'avère que chaque stratégie de clonage est susceptible de générer un résultat d'analyse de communautés microbiennes différent. Par exemple, Danhorn *et al.* (2012) ont comparé les résultats métagénomiques obtenus sur un échantillon de bactérioplancton préparé selon trois méthodes distinctes : une banque de fosmides (inserts de grande taille), une banque de petits inserts générés de manière aléatoire et une librairie de pyroséquençage 454. Cette analyse comparative a démontré la sous-représentation de taxons dominants à faible GC % dans les banques de fosmides. En revanche, le biais n'affectait pas les différentes catégories fonctionnelles clonées.

Conclusion

La métagénomique a bénéficié ces dernières années d'un investissement visionnaire tant au niveau financier qu'au niveau intellectuel. Désormais, la mise en œuvre de bonnes pratiques techniques en amont des projets devra être assurée afin de garantir le partage et l'évaluation critique des études métagénomiques. L'application de cette règle permettra également à la métagénomique d'être enseignée aux étudiants d'une manière aussi simple et rigoureuse que l'est actuellement l'enseignement de la PCR.

Références bibliographiques

Angly F.E., Felts B., Breitbart M., Salamon P., Edwards R.A., Carlson C., Chan A.M., Haynes M.,Kelley S., Liu H., Mahaffy J.M., Mueller J.E., Nulton J., Parsons R., Rayhawk S., Suttle C.A., Rohwer F., 2006. The marine viromes of four oceanic regions. *PLoS Biol.*, 4, e368.

Bentley D.R., Balasubramanian S., Swerdlow H.P., Smith G.P., Milton J., Brown C.G., *et al.*, 2008. Accurate whole human genome sequencing using reversible terminator chemistry. *Nature,* 456, 53-59.

Cai L., Ye L., Tong A.H.Y., Lok S., Zhang T., 2013. Biased diversity metrics revealed by bacterial 16S pyrotags derived from different primer sets. *PLoS ONE,* 8, e53649.

Craig J.W., Chang F.-Y., Brady S.F., 2009. Natural products from environmental DNA hosted in *Ralstonia metallidurans*. *ACS Chem. Biol.*, 4, 23-28.

Danhorn T., Young C.R., DeLong E.F., 2012. Comparison of large-insert, small-insert and pyrosequencing libraries for metagenomic analysis. *ISME J.*, 6, 2056-2066.

dela Torre R., Larkin J., Singer A., Meller A., 2012. Fabrication and characterization of solid-state nanopore arrays for high-throughput DNA sequencing. *Nanotechnology*, 23, 385308.

Delmont T.O., Simonet P., Vogel T.M., 2013. Mastering methodological pitfalls for surviving the metagenomic jungle. *Bioessays*, 35, 744-754.

Eid J., Fehr A., Gray J., Luong K., Lyle J., Otto G., *et al.*, 2009. Real-time DNA sequencing from single polymerase molecules. *Science*, 323, 133-138.

Fadrosh D.W., Ma B., Gajer P., Sengamalay N., Ott S., Brotman R.M., Ravel J., 2014. An improved dual-indexing approach for multiplexed 16S rRNA gene sequencing on the Illumina MiSeq platform. *Microbiome*, 2, 6.

Fode-Vaughan K.A., Wimpee C.F., Remsen C.C., Collins M.L., 2001. Detection of bacteria in environmental samples by direct PCR without DNA extraction. *Biotechniques*, 31 (3), 598-607.

Gerlach R.W., Nocerino J.M., Ramsey C.A., Venner B.C., 2003. Gy sampling theory in environmental studies. 2. Subsampling error estimates. *Anal. Chim. Acta*, 490, 158-168.

Gy P., 2004. Sampling of discrete materials - a new introduction to the theory of sampling. I. Qualitative approach. *Chemom. Intell. Lab. Syst.*, 74 (1), 7-24.

Haas B.J., Gevers D., Earl A.M., Feldgarden M., Ward D.V., Giannoukos G., Ciulla D., Tabbaa D., Highlander S.K., Sodergren E., Methe B., DeSantis T.Z., The Human Microbiome Consortium, Petrosino J.F., Knight R., Birren B.W., 2011. Chimeric 16S rRNA sequence formation and detection in Sanger and 454-pyrosequenced PCR amplicons. *Genome Res.*, 21, 494-504.

Huang Y.-F., Chen S.-C., Chiang Y.-S., Chen T.-H., Chiu K.-P., 2012. Palindromic sequence impedes sequencing-by-ligation mechanism. *BMC Syst. Biol.*, 6 Suppl 2, S10.

Ishii K., Fukui M., 2001. Optimization of annealing temperature to reduce bias caused by a primer mismatch in multitemplate PCR. *Appl. Environ. Microbiol.*, 67, 3753-3755.

Knight R., Jansson J., Field D., Fierer N., Desai N., Fuhrman J.A., Hugenholtz P., van der Lelie D., Meyer F., Stevens R., Bailey M.J., Gordon J.I., Kowalchuk G.A., Gilbert J.A., 2012. Unlocking the potential of metagenomics through replicated experimental design. *Nat. Biotechnol.*, 30, 513-520.

Kuczynski J., Liu Z., Lozupone C., McDonald D., Fierer N., Knight R., 2010. Microbial community resemblance methods differ in their ability to detect biologically relevant patterns. *Nat. Meth.*, 7, 813-819.

Lindahl V., Bakken L.R., 1995. Evaluation of methods for extraction of bacteria from soil. *FEMS Microbiol. Ecol.*, 16, 135-142.

Lozupone C.A., Stombaugh J., Gonzalez A., Ackermann G., Wendel D., Vázquez-Baeza Y., Jansson J.K., Gordon J.I., Knight R., 2013. Meta-analyses of studies of the human microbiota. *Genome Res.*, 23, 1704-1714.

Manter D.K., Weir T.L., Vivanco J.M., 2010. Negative effects of sample pooling on PCR-based estimates of soil microbial richness and community structure. *Appl. Environ. Microbiol.*, 76, 2086-2090.

Maxam A.M., Gilbert W., 1977. A new method for sequencing DNA. *Proc. Natl Acad. Sci. USA*, 74, 560-564.

McKernan K.J., Peckham H.E., Costa G.L., McLaughlin S.F., Fu Y., Tsung E.F., *et al.*, 2009. Sequence and structural variation in a human genome uncovered by short-read, massively parallel ligation sequencing using two-base encoding. *Genome Res.*, 19, 1527-1541.

McMahon M.D., Guan C., Handelsman J., Thomas M.G., 2012. Metagenomic analysis of *Streptomyces lividans* reveals host-dependent functional expression. *Appl. Environ. Microbiol.*, 78, 3622-3629.

Oliver J.D., 2005. The viable but nonculturable state in bacteria. *J. Microbiol.*, 43 Spec No, 93-100.

Palenik B., Ren Q., Tai V., Paulsen I.T., 2009. Coastal *Synechococcus* metagenome reveals major roles for horizontal gene transfer and plasmids in population diversity. *Environ. Microbiol.*, 11, 349-359.

Pinto A.J., Raskin L., 2012. PCR biases distort bacterial and archaeal community structure in pyrosequencing datasets. *PLoS ONE*, 7, e43093.

Plotkin J.B., Muller-Landau H.C., 2002. Sampling the species composition of a landscape. *Ecology*, 83, 3344-3356.

Polz M.F., Cavanaugh C.M., 1998. Bias in template-to-product ratios in multitemplate PCR. *Appl. Environ. Microbiol.*, 64, 3724-3730.

Reysenbach A.L., Giver L.J., Wickham G.S., Pace N.R., 1992. Differential amplification of rRNA genes by polymerase chain reaction. *Appl. Environ. Microbiol.*, 58, 3417-3418.

Ritz K., McNicol J.W., Nunan N., Grayston S., Millard P., Atkinson D., Gollotte A., Habeshaw D., Boag B., Clegg C.D., Griffiths B.S., Wheatley R.E., Glover L.A., McCaig A.E., Prosser J.I., 2004. Spatial structure in soil chemical and microbiological properties in an upland grassland. *FEMS Microbiol. Ecol.*, 49, 191-205.

Ronaghi M., Karamohamed S., Pettersson B., Uhlen M., Nyren P., 1996. Real-time DNA sequencing using detection of pyrophosphate release. *Anal. Biochem.*, 242, 84-89.

Rondon M.R., August P.R., Bettermann A.D., Brady S.F., Grossman T.H., Liles M.R., Loiacono K.A., Lynch B.A., MacNeil I.A., Minor C., Tiong C.L., Gilman M., Osburne M.S., Clardy J., Handelsman J., Goodman R.M., 2000. Cloning the soil metagenome: a strategy for accessing the genetic and functional diversity of uncultured microorganisms. *Appl. Environ. Microbiol.*, 66, 2541-2547.

Rothberg J.M., Hinz W., Rearick T.M., Schultz J., Mileski W., Davey M., *et al.*, 2011. An integrated semiconductor device enabling non-optical genome sequencing. *Nature*, 475, 348-352.

Sanger F., Nicklen S., Coulson A.R., 1977. DNA sequencing with chain-terminating inhibitors. *Proc. Natl Acad. Sci. USA*, 74, 5463-5467.

Schloss P.D., Gevers D., Westcott S.L., 2011. Reducing the effects of PCR amplification and sequencing artifacts on 16S rRNA-based studies. *PLoS ONE*, 6, e27310.

Thomas T., Gilbert J., Meyer F., 2012. Metagenomics - a guide from sampling to data analysis. *Microb. Inform. Exp.*, 2, 3.

Torsvik V., Ovreas L., 2002. Microbial diversity and function in soil: from genes to ecosystems. *Curr. Opin. Microbiol.*, 5, 240-245.

Torsvik V., Daae F.L., Sandaa R.A., Ovreas L., 1998. Novel techniques for analysing microbial diversity in natural and perturbed environments. *J. Biotechnol.*, 64, 53-62.

Tyson G.W., Chapman J., Hugenholtz P., Allen E.E., Ram R.J., Richardson P.M., Solovyev V.V., Rubin E.M., Rokhsar D.S., Banfield J.F., 2004. Community structure and metabolism through reconstruction of microbial genomes from the environment. *Nature*, 428, 37-43.

Venter J.C., Remington K., Heidelberg J.F., Halpern A.L., Rusch D., Eisen J.A., *et al.*, 2004. Environmental genome shotgun sequencing of the Sargasso Sea. *Science,* 304, 66-74.

Wang G.C., Wang Y., 1997. Frequency of formation of chimeric molecules as a consequence of PCR coamplification of 16S rRNA genes from mixed bacterial genomes. *Appl. Environ. Microbiol.,* 63, 4645-4650.

Wilson I.G., 1997. Inhibition and facilitation of nucleic acid amplification. *Appl. Environ. Microbiol.,* 63, 3741-3751.

Wommack K.E., Bhavsar J., Ravel J., 2008. Metagenomics: read length matters. *Appl. Environ. Microbiol.,* 74, 1453-1463.

Wu D.Y., Ugozzoli L., Pal B.K., Qian J., Wallace R.B., 1991. The effect of temperature and oligonucleotide primer length on the specificity and efficiency of amplification by the polymerase chain reaction. *DNA Cell. Biol.,* 10, 233-238.

Zhang M., Powell C.A., Benyon L.S., Zhou H., Duan Y., 2013. Deciphering the bacterial microbiome of *Citrus* plants in response to *'Candidatus Liberibacter asiaticus'*-Infection and antibiotic treatments. *PLoS ONE,* 8, e76331.

Zhou J., Jiang Y.-H., Deng Y., Shi Z., Zhou B.Y., Xue K., Wu L., He Z., Yang Y., 2013. Random sampling process leads to overestimation of β-diversity of microbial communities. *MBio,* 4, e00324-00313.

Zhou J., Wu L., Deng Y., Zhi X., Jiang Y.-H., Tu Q., Xie J., Van Nostrand J.D., He Z., Yang Y., 2011. Reproducibility and quantitation of amplicon sequencing-based detection. *ISME J.,* 5, 1303-1313.

2

Analyse des données, logiciels, transformation des data en information, utilisation et modélisation des données

Guy Perrière

Introduction

Avant même que les techniques de séquençage de nouvelle génération (*Next Generation Sequencing*, NGS) soient disponibles, la question de l'analyse bio-informatique des données de métagénomes s'est posée. En effet, les caractéristiques particulières de ces données (multiplicité des organismes de provenance, quantité de séquences produites) nécessitaient déjà l'emploi de techniques spécifiques. À ces caractéristiques sont venus s'ajouter de nouveaux problèmes liés au développement de méthodes de séquençage à haut débit. Pour simplifier, ces problèmes sont essentiellement liés à l'obtention de volumétries de données considérablement plus importantes que dans le cas du séquençage classique et au fait que les lectures produites sont sensiblement plus courtes (100-400 pb au lieu de 700-1 000 pb).

Depuis dix ans, de nombreux développements méthodologiques ont donc été effectués dans le domaine de l'analyse bio-informatique des données de métagénomes, et ce chapitre se propose de faire un panorama rapide de cinq groupes d'entre elles. Seront donc abordées les méthodes relatives à l'assemblage des lectures, l'identification taxonomique, la classification, la détection de parties codantes et l'analyse fonctionnelle. Ce chapitre se conclut sur la nécessité d'intégrer les différents outils au sein de pipelines d'analyse ou de gestionnaires de *workflows* spécialisés.

Assemblage

L'assemblage de séquences provenant d'un génome unique est un problème qui a été bien circonscrit du point de vue algorithmique, et de nombreux programmes efficaces sont disponibles depuis plus d'une dizaine d'années. Parmi les logiciels « historiques », conçus à une époque où seul le séquençage Sanger était disponible, on peut citer Phrap ou CABOG (*Celera Assembler with Best Overlap Graph* — Myers *et al.*, 2000). Suite au développement des méthodes de séquençage produisant des lectures nettement plus courtes, de nouveaux algorithmes ont été conçus, comme par exemple ABySS (*Assembly By Short Sequences* — Simpson *et al.*, 2009), Velvet (Zerbino et Birney, 2008) ou SOAPdenovo (*Short Oligonucleotide Analysis Package* — Luo *et al.*, 2012 pour la version 2 de ce programme). *Grosso modo*, tout ces programmes sont fondés sur la technique dite de « recherche d'un parcours eulérien dans un graphe de de Bruijn ». Cette approche a été introduite il y a plus de dix ans par Pevzner *et al.* (2001) et les différentes implémentations correspondent à des raffinements de cette stratégie.

Si l'on considère un métagénome présentant un niveau de diversité taxonomique important, l'utilisation des assembleurs précédents s'est avérée très difficile, ceux-ci ayant du mal à distinguer des séquences pouvant provenir de souches voire d'espèces très proches. De la même façon, il leur était également impossible de distinguer des erreurs de séquençage de la présence de polymorphisme. Enfin, un dernier problème était celui de l'assemblage fréquent de séquences provenant d'organismes différents, aboutissant à la construction de chimères. De ce fait, pendant longtemps, les études de métagénomique se sont focalisées sur les lectures vues comme autant d'entités indépendantes. Depuis trois ans, on assiste au développement d'un certain nombre d'outils dédiés à l'assemblage de métagénomes : Meta-IBDA (Peng *et al.*, 2011), Genovo (Laserson *et al.*, 2011), MetaVelvet (Namiki *et al.*, 2012). Pour l'instant, aucun de ces assembleurs n'est encore réellement satisfaisant et ces outils présentent des limitations comme des conditions d'application restrictives (nombre maximum de lectures utilisables, paramétrisation optimale).

Assignation taxonomique

La procédure générale pour effectuer une assignation taxonomique est résumée sur la figure 2.1. Cette procédure démarre habituellement par une recherche de similarité au moyen d'un logiciel tel que BLAST (Altschul *et al.*, 1997). La graine utilisée pour effectuer cette recherche est la séquence d'un marqueur « universel », tel que l'ARNr 16S pour les procaryotes ou le gène de la Cytochrome Oxydase I (COI) dans le cas d'organismes eucaryotes. Afin d'optimiser les calculs, la recherche de similarité doit être effectuée dans une banque de données spécialisée, ne contenant que les séquences dudit marqueur. Concernant l'ARNr 16S, les deux banques de référence utilisées à l'heure actuelle sont SILVA (Quast *et al.*, 2013) et RDP (*Ribosomal Database Project* — Cole *et al.*, 2014).

Une fois la recherche de similarité effectuée, il est possible d'arrêter le processus à ce stade, l'assignation taxonomique se faisant en utilisant la (ou les) séquence(s) présentant le meilleur score de similarité (qu'il s'agisse de la *E-value*, de la *P-value* ou du score en *bits* dans le cas de BLAST). Cependant, il est connu depuis

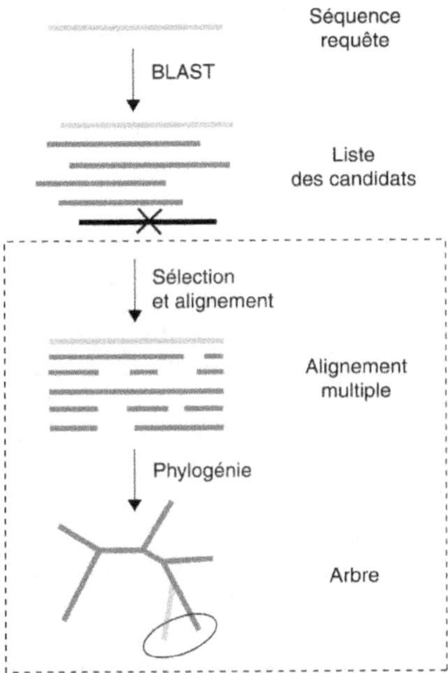

Figure 2.1. Procédure générale pour une identification taxonomique fondée sur une recherche de similarité suivie éventuellement de la construction d'un alignement multiple et d'une phylogénie. L'identification se fait en utilisant la séquence présentant la plus grande proximité phylogénétique avec la séquence requête utilisée.

longtemps que l'utilisation de ces scores constitue un mauvais indice pour l'identification taxonomique (Koski et Golding, 2001) et qu'il est préférable d'utiliser une approche phylogénétique. Cette approche implique de récupérer un ensemble de séquences homologues à la graine, cette relation étant inférée sur la base des scores de similarité précédemment obtenus. Une fois ces homologues récupérés, il est nécessaire de les aligner au moyen d'un programme d'alignement multiple, puis de construire un arbre phylogénétique à partir de cet alignement. Une fois l'arbre reconstruit, l'identification taxonomique se fait en déterminant quelle séquence homologue se situe à la plus petite distance patristique de la graine. De nombreux systèmes d'analyse fondés sur le schéma général de la figure 2.1 sont disponibles et il serait trop long d'en faire l'inventaire ici. Les lecteurs intéressés par une description exhaustive pourront se rapporter à Mande *et al.* (2012).

Cette approche phylogénétique est celle permettant d'effectuer des assignations présentant la plus grande précision. Toutefois, les contraintes imposées par les NGS aussi bien au niveau de la longueur des lectures que de la quantité de séquences disponibles font qu'elles sont rarement utilisées telles quelles pour les données de métagénomes. Tout d'abord, l'utilisation de méthodes de séquençage produisant des lectures de longueur inférieure à 400 pb fait qu'il est fréquent qu'une même graine puisse présenter des similarités avec plusieurs séquences provenant d'organismes différents. Dans ce cas, il est impossible d'effectuer une assignation unique relativement à un taxon donné. Un moyen de pallier ce problème est d'effectuer ce que l'on appelle une assignation au LCA (*Lowest Common Ancestor*), c'est-à-dire au nœud de l'arbre correspondant à l'ancêtre commun à la majorité des taxons pour lesquels une même similarité a été détectée (Huson *et al.*, 2007). Le problème de cette approche est qu'elle peut entraîner la présence de faux positifs et/ou de faux négatifs (figure 2.2).

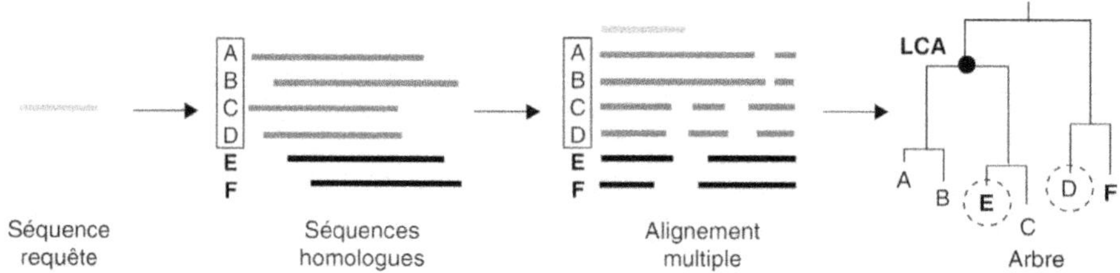

Figure 2.2. Exemple d'assignation au LCA avec présence d'un faux positif et d'un faux négatif. Dans cet exemple, les taxons A, B, C et D présentent le même score de similarité avec la séquence requête. Une fois l'arbre phylogénétique reconstruit, l'assignation au LCA majoritaire pour A, B, C et D entraîne la présence d'un faux positif (taxon E) et d'un faux négatif (taxon D).

Afin d'y remédier, Clemente *et al.* (2011) ont développé une méthode permettant de moduler le placement au LCA de manière à minimiser le nombre de faux positifs et de faux négatifs produits.

Un autre problème est celui de la quantité de lectures produites par les méthodes NGS. En effet, si la méthode du maximum de vraisemblance est celle qui produit les meilleurs résultats en phylogénie moléculaire, ses implémentations les plus performantes telles que PhyML (Guindon et Gascuel, 2003) ou RaxML (Stamatakis, 2006) restent inapplicables pour traiter des données comprenant des dizaines de millions de lectures. Ceci est également vrai pour des méthodes plus rapides mixant maximum de vraisemblance et minimum d'évolution telles que FastTree (Price *et al.*, 2010).

C'est dans ce contexte que des méthodes dites de placement phylogénétique ont été développées. Le principe de ces méthodes est d'utiliser un arbre phylogénétique de référence construit à partir d'un alignement contenant un ensemble de taxons considérés comme pertinents pour effectuer l'assignation. La première étape consiste en l'ajout à l'alignement de la séquence à classer. Ensuite cette séquence va être positionnée successivement sur chacune des branches de l'arbre de référence. Pour un arbre non raciné à n taxons, il existe ainsi $2n - 3$ placements possibles. Pour chacune des topologies correspondantes, la vraisemblance associée est calculée et la topologie retenue pour le placement est celle présentant la valeur maximale. À l'heure actuelle, deux méthodes de placement phylogénétique sont utilisables sur des données de métagénomique : MLTreeMap (Stark *et al.*, 2010) et pplacer (Matsen *et al.*, 2010).

Bien que censées être particulièrement adaptées aux données de métagénomique, les approches par positionnement phylogénétique présentent également des limites. La première d'entre elles est liée à la nécessité de disposer d'un alignement de référence dont la taille va être directement proportionnelle à la biodiversité supposée du milieu sur lequel l'analyse métagénomique a été effectuée. Dans le cas d'un milieu pour lequel on suppose que cette biodiversité peut comprendre des dizaines de milliers de taxons différents, cela implique de disposer d'un alignement de très grande taille. Le problème est alors celui de la qualité de cet alignement. Il est bien sûr possible de pallier ce problème en limitant volontairement le nombre de taxons figurant dans l'alignement mais ceci se fera au détriment de la précision de l'assignation.

Un dernier problème est lié aux caractéristiques des séquences produites par les méthodes NGS, à savoir la courte longueur des lectures et le fait que certaines soient en *paired-end*. Le fait que les lectures soient d'une longueur < 200 pb dans le cas d'un séquençage Illumina rend l'assignation beaucoup plus difficile car l'estimation de la vraisemblance d'un placement ne sera faite qu'à partir d'un petit nombre de sites dans l'alignement. Une solution consiste en l'assemblage des lectures chevauchantes, afin d'obtenir des séquences plus longues mais ceci ramène aux problèmes précédemment décrits dans la section sur l'assemblage. Le fait que des lectures soient en *paired-end* rend également l'identification par placement phylogénétique plus difficile puisqu'un programme comme pplacer considère que toutes les séquences sont orientées dans le sens direct. Une solution pour pallier simultanément ces deux problèmes est d'utiliser des algorithmes permettant de cartographier les lectures sur des séquences plus grandes, telles que celles figurant dans des banques de données comme SILVA. C'est ainsi que Miller *et al.* (2011) ont développé EMIRGE, un programme de *mapping* spécifiquement dédié à l'utilisation de séquences d'ARNr pour l'identification et l'estimation des abondances taxonomiques.

Classification non supervisée

Les méthodes d'assignation taxonomique telles que celles décrites dans la section précédente nécessitent toutes une référence extérieure qui est représentée par un alignement de séquence connues, alignement éventuellement complété par un (ou plusieurs) arbre(s) phylogénétique(s). Or il est très fréquent que des lectures présentes dans un jeu de données métagénomique ne montrent pas de similarités significatives avec les séquences utilisées comme référence. Dans ce cas, une approche possible est de classer lesdites lectures entre elles, cette classification non supervisée (ou intrinsèque) se faisant sur la seule base de leur composition en nucléotides.

De très nombreuses méthodes de classification non supervisées appliquées aux séquences biologiques ont été développées et leur application ne se limite pas à la métagénomique. Les méthodes les plus simples pour effectuer ces classifications sont celles fondées sur le comptage de mots d'une longueur donnée dans les séquences (on parle de k-mer pour un mot de longueur k) puis en le regroupement des lectures sur la base des mots trouvés en commun. Parmi les méthodes de ce type les plus couramment utilisées, on peut citer TETRA (Teeling *et al.*, 2004), CompostBin (Chatterji *et al.*, 2008) ou UCLUST (Edgar, 2010).

Le regroupement des lectures sur la base de leurs mots communs peut se faire en utilisant différentes techniques algorithmiques. Par exemple, une fois les énumérations effectuées dans toutes les lectures, il est possible de transformer les comptages en matrices de similarités ou de distance, ces matrices pouvant ensuite être utilisées pour être transformées en représentations graphiques de la proximité des lectures entre elles. C'est ainsi que CompostBin calcule des fréquences pour des k-mers de différentes longueurs puis utilise une méthode multivariée de type analyse en composantes principales (ACP) afin de réduire la dimension de la matrice de départ et de permettre une représentation sous forme de plan.

Les méthodes fondées sur l'utilisation de fréquence de k-mers butent sur deux limitations. La première est qu'elles ont tendance à multiplier de façon excessive le nombre de groupes lorsque l'on est en présence d'échantillons présentant une grande diversité taxonomique. Cette limitation a été contournée par le programme AbundanceBin (Wu et Ye, 2011) qui construit des groupes ne comprenant que des taxons ayant des abondances relatives comparables. La deuxième est qu'elles nécessitent des lectures d'une longueur > 1 000 pb pour pouvoir fonctionner correctement, ce qui cantonne leur utilisation à des métagénomes obtenus au moyen de techniques de séquençage « classiques ». C'est pourquoi plusieurs tentatives de développement de méthodes susceptibles d'être utilisées sur des lectures courtes ont été effectuées. Ces méthodes présentent la caractéristique de ne pas être fondées sur l'utilisation de mesures de distances mais sur celle de modèles de Markov (Kelley et Salzberg, 2010 ; Georgi *et al.*, 2010). La question de la classification non supervisée de petits fragments reste donc un problème d'actualité en bio-informatique.

Prédiction de parties codantes

Le problème de la prédiction des parties codantes (ou *Coding DNA Sequences*, CDS) à l'intérieur de génomes procaryotes complètement séquencés est en grande partie résolu depuis la mise en place, dès le milieu des années 1990, de méthodes très performantes atteignant des sensibilités de l'ordre de 99 %. À l'heure actuelle, les deux programmes les plus couramment utilisés pour la prédiction de CDS dans les génomes procaryotes sont GeneMark (Borodovsky *et al.*, 1994) et Glimmer (Delcher *et al.*, 1999, 2007). Cependant, dès l'arrivée des premiers métagénomes, la nécessité de disposer d'outils adaptés à ce type de données s'est rapidement faite sentir. En effet, les méthodes mentionnées ci-dessus utilisent des algorithmes impliquant une phase d'apprentissage, cette phase étant réalisée sur un ensemble de parties codantes connues. Qui plus est, cet apprentissage est organisme spécifique, et il doit être réalisé indépendamment pour chacun des taxons d'intérêt. Or les métagénomes peuvent être constitués de mélanges de centaines de milliers (voire de millions) de lectures provenant d'organismes très divers, la plupart du temps non connus *a priori*. Il est donc très difficile d'utiliser ces méthodes sur des données de ce type. Par ailleurs, comme les lectures produites par les méthodes NGS ont une taille généralement inférieure à celle d'un gène procaryote (en moyenne environ 1 000 pb), il est fréquent que lesdites lectures ne contiennent qu'un fragment plutôt qu'un CDS complet, ce qui rend les prédictions plus difficiles.

Les contraintes spécifiques aux données de métagénomes ont donc conduit au développement de logiciels adaptés et cinq programmes sont actuellement disponibles : MetaGeneAnnotator (Noguchi *et al.*, 2008), Orphelia (Hoff *et al.*, 2009),

FragGeneScan (Rho *et al.*, 2010), Glimmer-MG (Kelley *et al.*, 2012) et RecStat (Clerc *et al.*, 2015). De ces cinq méthodes, seules FragGeneScan et RecStat sont authentiquement intrinsèques, ce qui signifie qu'elles ne nécessitent pas de référence extérieure à la séquence utilisée pour effectuer leur prédiction. RecStat est fondée sur l'utilisation d'une méthode multivariée, l'analyse factorielle des correspondances (AFC) qui va déterminer si l'une des trois phases de lecture possible d'une séquence d'ADN possède une composition en codons biaisée par rapport aux deux autres. La présence de codons Start ou Stop dans une lecture n'est pas nécessaire au bon fonctionnement de la méthode. De son côté, FragGeneScan utilise des HMM (*Hidden Markov Models*) intégrant des informations sur des biais d'usage des codons dans les différentes phases, des modèles d'erreurs de séquençage ainsi que la présence de codons Start ou Stop, l'absence de ces derniers ne nuisant également pas au bon fonctionnement du programme.

MetaGeneAnnotator intègre des modèles statistiques en utilisant des fréquences de di-codons obtenues à partir d'ensembles de gènes connus de bactéries, d'archées et de prophages. Cette méthode utilise également des données sur les motifs caractéristiques des sites de fixation du ribosome afin d'améliorer la qualité des prédictions. Ayant été conçue à l'origine pour des séquences de type Sanger, elle est donc peu adaptée aux métagénomes obtenus avec des techniques NGS.

Orphelia utilise les modèles de prédiction fondés sur les techniques d'apprentissage par réseaux neuronaux à partir de génomes annotés. Par ailleurs, cette méthode prend en compte les techniques de séquençage utilisées pour réaliser ses prédictions. En effet, elle possède deux modèles selon que les lectures soient courtes (~ 300 pb) ou longues (~ 700 pb).

Enfin, Glimmer-MG utilise également une phase d'apprentissage réalisée sur des CDS provenant de génomes annotés. Cette étape est réalisée par le programme Phymm (Brady et Salzberg, 2009) qui est fondé sur l'utilisation d'IMM (*Interpolated Markov Models*). Dans un deuxième temps, ces CDS sont regroupés sous forme de *clusters* par le programme Scimm (Kelley et Salzberg, 2010), chaque *cluster* contenant des séquences dont on suppose qu'elles proviennent d'un même organisme.

De façon générale, la capacité de tous les programmes utilisant des techniques d'apprentissage à prédire des parties codantes dans des séquences provenant d'organismes éloignés de ceux déjà connus est questionnable. Ce problème est d'autant plus important que l'on estime que plus de 99 % des organismes unicellulaires sont non cultivables en laboratoire et donc, en grande majorité, non encore identifiés.

Analyse fonctionnelle

Pour la plupart, les méthodes d'identification fonctionnelle utilisées pour les métagénomes restent fondées sur l'utilisation de programmes de recherche de similarités, tels que BLAST, ou de profils, tels que HMMER (Eddy, 2011) ou RPS-BLAST. Peuvent également être rattachés à la catégorie des logiciels effectuant des recherches de similarités des programmes de *mapping* sur des génomes ou des grandes séquences tels que Bowtie (Langmead et Salzberg, 2012). Différentes améliorations peuvent être effectuées dans les pipelines d'analyse au niveau des banques de données de séquences ou de domaines dans lesquels effectuer les recherches afin d'accélérer les assignations. Par exemple, il sera possible de n'utiliser que la sous-partie de TrEMBL correspondant aux séquences comprenant des enzymes si l'on n'est intéressé que par les protéines ayant une activité catalytique. Enfin, il est à noter qu'il existe encore et toujours des développements visant soit à accélérer (Nguyen et Lavenier, 2009) soit à remplacer (Zhao *et al.*, 2012) BLAST, mais aucun de ces logiciels n'a encore connu à ce jour le succès de leur prédécesseur.

Intégration des outils

Du fait du nombre important de traitements qu'il est nécessaire d'effectuer pour analyser en profondeur des données métagénomiques, une tendance lourde est l'intégration de ces outils à l'intérieur de pipelines d'analyse. Ces pipelines, la plupart du temps à destination des biologistes, sont de deux natures. Il existe ainsi des systèmes entièrement spécialisés dans l'analyse des métagénomes, tels que MetAMOS (Treangen *et al.*, 2013) ou MG-RAST (Meyer *et al.*, 2008). Dans ces systèmes, l'ajout de nouveaux outils et/ou les modifications dans le chaînage des tâches nécessitent d'effectuer des développements plus ou moins complexes dans des langages de programmation ou des langages commandes. C'est pourquoi la tendance actuelle se dirige plutôt vers l'utilisation de gestionnaires de *workflows* tels que Galaxy (Giardine *et al.*, 2005). Ces gestionnaires permettent en effet une intégration modulaire des tâches à effectuer, les entrées-sorties des différents programmes étant prises en charge par l'intermédiaire de *wrappers* adaptés. Un intérêt supplémentaire à l'utilisation de Galaxy est que les *workflows* développés avec ce système sont à la fois facilement éditables et redistribuables. C'est ainsi que de nombreux centres de services en bio-informatique sont en train de mettre en place des *workflows* Galaxy pour le traitement des données de métagénomique.

Références bibliographiques

Altschul S.F., Madden T.L., Schaffer A.A., Zhang J., Zhang Z., Miller W., Lipman D.J., 1997. Gapped BLAST and PSI-BLAST: a new generation of protein database search programs. *Nucleic Acids Res.*, 25, 3389-3402.

Borodovsky M., Peresetsky A., 1994. Deriving non-homogeneous DNA Markov chain models by cluster analysis algorithm minimizing multiple alignment entropy. *Comput. Chem.*, 18, 259-267.

Brady A., Salzberg S.L., 2009. Phymm and PhymmBL: metagenomic phylogenetic classification with interpolated Markov models. *Nat. Methods*, 6, 673-676.

Chatterji S., Yamazaki I., Bai Z., Eisen J., 2008. CompostBin: a DNA composition-based algorithm for binning environmental shotgun reads. *Lecture Notes Comput. Sci.*, 4955, 17-28.

Clemente J.C., Jansson J., Valiente G., 2011. Flexible taxonomic assignment of ambiguous sequencing reads. *BMC Bioinformatics*, 12, 8.

Clerc O., Fichant G., Perrière G., 2015. RecStat: a set of R utilities for coding DNA sequences prediction in metagenomes. Soumis à *Bioinformatics*.

Cole J.R., Wang Q., Fish J.A., Chai B., McGarrell D.M., Sun Y., Brown C.T., Porras-Alfaro A., Kuske C.R., Tiedje J.M., 2014. Ribosomal Database Project: data and tools for high throughput rRNA analysis. *Nucleic Acids Res.*, 42, D633-642.

Delcher A.L., Harmon D., Kasif S., White O., Salzberg S.L., 1999. Improved microbial gene identification with Glimmer. *Nucleic Acids Res.*, 27, 4636-4641.

Delcher A.L., Bratke K.A., Powers E.C., Salzberg S.L., 2007. Identifying bacterial genes and endosymbiont DNA with Glimmer. *Bioinformatics*, 23, 673-679.

Eddy S.R., 2011. Accelerated Profile HMM Searches. *PLoS Comput. Biol.*, 7, e1002195.

Edgar R.C., 2010. Search and clustering orders of magnitude faster than BLAST. *Bioinformatics*, 26, 2460-2461.

Georgi B., Costa I.G., Schliep A., 2010. PyMix – the python mixture package – a tool for clustering of heterogeneous biological data. *BMC Bioinformatics*, 11, 9.

Giardine B., Riemer C., Hardison R.C., Burhans R., Elnitski L., Shah P., Zhang Y., Blankenberg D., Albert I., Taylor J., Miller W., Kent W.J., Nekrutenko A., 2005. Galaxy: a platform for interactive large-scale genome analysis. *Genome Res.*, 15, 1451-1455.

Guindon S., Gascuel O., 2003. A simple, fast, and accurate algorithm to estimate large phylogenies by maximum likelihood. *Syst. Biol.*, 52, 696-704.

Huson D.H., Auch A.F., Qi J., Schuster S.C., 2007. MEGAN analysis of metagenomic data. *Genome Res.*, 17, 377-386.

Hoff K.J., Lingner T., Meinicke P., Tech M., 2009. Orphelia: predicting genes in metagenomic sequencing reads. *Nucleic Acids Res.*, 37, W101-105.

Kelley D.R., Liu B., Delcher A.L., Pop M., Salzberg S.L., 2012. Gene prediction with Glimmer for metagenomic sequences augmented by classification and clustering. *Nucleic Acids Res.*, 40, e9.

Kelley D.R., Salzberg S.L., 2010. Clustering metagenomic sequences with interpolated Markov models. *BMC Bioinformatics*, 11, 544.

Koski L.B., Golding G.B., 2001. The closest BLAST hit is often not the nearest neighbor. *J. Mol. Evol.*, 52, 540-542.

Langmead B., Salzberg S.L., 2012. Fast gapped-read alignment with Bowtie 2. *Nat. Methods*, 9, 357-359.

Laserson J., Jojic V., Koller D., 2011. Genovo: *de novo* assembly for metagenomes. *J. Comput. Biol.*, 18, 429-443.

Luo R., Liu B., Xie Y., Li Z., Huang W., Yuan J., *et al.*, 2012. SOAPdenovo2: an empirically improved memory-efficient short-read *de novo* assembler. *GigaScience*, 1, 18.

Mande S.S., Mohammed M.H., Ghosh T.S., 2012. Classification of metagenomic sequences: methods and challenges. *Brief. Bioinform.*, 13, 669-681.

Matsen F.A., Kodner R.B., Armbrust E.V., 2010. pplacer: linear time maximum-likelihood and Bayesian phylogenetic placement of sequences onto a fixed reference tree. *BMC Bioinformatics*, 11, 538.

Meyer F., Paarmann D., D'Souza M., Olson R., Glass E.M., Kubal M., Paczian T., Rodriguez A., Stevens R., Wilke A., Wilkening J., Edwards R.A., 2008. The metagenomics RAST server – a public resource for the automatic phylogenetic and functional analysis of metagenomes. *BMC Bioinformatics*, 9, 386.

Miller C.S., Baker B.J., Thomas B.C., Singer S.W., Banfield J.F., 2011. EMIRGE: reconstruction of full-length ribosomal genes from microbial community short read sequencing data. *Genome Biol.*, 12, R44.

Myers E.W., Sutton G.G., Delcher A.L., Dew I.M., Fasulo D.P., Flanigan M.J., *et al.*, 2000. A whole-genome assembly of *Drosophila*. *Science*, 287, 2196-2204.

Namiki T., Hachiya T., Tanaka H., Sakakibara Y., 2012. MetaVelvet: an extension of Velvet assembler to *de novo* metagenome assembly from short sequence reads. *Nucleic Acids Res.*, 40, e155.

Nguyen V.H., Lavenier D., 2009. PLAST: parallel local alignment search tool for database comparison. *BMC Bioinformatics*, 10, 329.

Noguchi H., Taniguchi T., Itoh T., 2008. MetaGeneAnnotator: detecting species-specific patterns of ribosomal binding site for precise gene prediction in anonymous prokaryotic and phage genomes. *DNA Res.*, 15, 387-396.

Peng Y., Leung H.C., Yiu S.M., Chin F.Y., 2011. Meta-IDBA: a *de novo* assembler for metagenomic data. *Bioinformatics*, 27, i94-101.

Pevzner P.A., Tang H., Waterman M.S., 2001. An Eulerian path approach to DNA fragment assembly. *Proc. Natl. Acad. Sci. USA*, 98, 9748-9753.

Price M.N., Dehal P.S., Arkin A.P., 2010. FastTree 2 – approximately maximum-likelihood trees for large alignments. *PLoS ONE*, 5, e9490.

Quast C., Pruesse E., Yilmaz P., Gerken J., Schweer T., Yarza P., Peplies J., Glockner F.O., 2013. The SILVA ribosomal RNA gene database project: improved data processing and web-based tools. *Nucleic Acids Res.*, 41, D590-596.

Rho M., Tang H., Ye Y., 2010. FragGeneScan: predicting genes in short and error-prone reads. *Nucleic Acids Res.*, 38, e191.

Simpson J.T., Wong K., Jackman S.D., Schein J.E., Jones S.J., Birol I., 2009. ABySS: a parallel assembler for short read sequence data. *Genome Res.*, 19, 1117-1123.

Stamatakis A., 2006. RAxML-VI-HPC: maximum likelihood-based phylogenetic analyses with thousands of taxa and mixed models. *Bioinformatics*, 22, 2688-2690.

Stark M., Berger S.A., Stamatakis A., von Mering C., 2010. MLTreeMap —accurate Maximum Likelihood placement of environmental DNA sequences into taxonomic and functional reference phylogenies. *BMC Genomics*, 11, 461.

Teeling H., Waldmann J., Lombardot T., Bauer M., Glockner F.O., 2004. TETRA: a web-service and a stand-alone program for the analysis and comparison of tetranucleotide usage patterns in DNA sequences. *BMC Bioinformatics*, 5, 163.

Treangen T.J., Koren S., Sommer D.D., Liu B., Astrovskaya I., Ondov B., Darling A.E., Phillippy A.M., Pop M., 2013. MetAMOS: a modular and open source metagenomic assembly and analysis pipeline. *Genome Biol.*, 14, R2.

Wu Y.W., Ye Y., 2011. A novel abundance-based algorithm for binning metagenomic sequences using l-tuples. *J. Comput. Biol.*, 18, 523-534.

Zhao Y., Tang H., Ye Y., 2012. RAPSearch2: a fast and memory-efficient protein similarity search tool for next-generation sequencing data. *Bioinformatics*, 28, 125-126.

Zerbino D.R., Birney E., 2008. Velvet: algorithms for *de novo* short read assembly using de Bruijn graphs. *Genome Res.*, 18, 821-829.

3

Découverte de nouvelles fonctions et familles protéiques : nouveaux défis pour les biotechnologies et l'écologie microbienne

Élisabeth Laville, Lisa Ufarté, Gabrielle Potocki-Véronèse

Introduction

Les enjeux de la découverte de nouvelles fonctions protéiques sont multiples, tant d'un point de vue cognitif qu'applicatif. Il s'agit d'abord d'améliorer la compréhension du fonctionnement des écosystèmes microbiens, pour identifier des biomarqueurs et des leviers qui permettront d'optimiser les services rendus, quels que soient les domaines d'applications. Ensuite, la découverte de nouvelles enzymes et transporteurs permet d'élargir le catalogue de fonctions disponibles pour l'ingénierie de voies métaboliques et la biologie de synthèse. Enfin, l'identification et la caractérisation de nouvelles familles de protéines, dont les fonctions, la structure tridimensionnelle et le mécanisme catalytique n'ont jamais été décrits, permettent d'avancer dans la compréhension des relations structure-fonction protéique. C'est un prérequis indispensable pour valoriser de façon optimale ces protéines, tant pour des applications médicales (par exemple pour concevoir des inhibiteurs spécifiques), que pour les intégrer de façon pertinente dans des procédés biotechnologiques.

Stratégies d'échantillonnage

La littérature fait état d'une grande variété d'environnements microbiens échantillonnés pour la découverte de nouvelles enzymes. De nombreuses études portent sur des écosystèmes à forte diversité taxonomique et fonctionnelle, comme ceux de sols ou d'environnements aquatiques naturels, intacts ou exposés à divers polluants (Brennerova *et al.*, 2009 ; Gilbert *et al.*, 2008 ; Zanaroli *et al.*, 2010). Les environnements extrêmes permettent de découvrir des enzymes naturellement adaptées aux contraintes de certains procédés industriels, comme des glycosides hydrolases et estérases halotolérantes (Ferrer *et al.*, 2005 ; LeCleir *et al.*, 2007), des lipases thermostables (Tirawongsaroj *et al.*, 2008) ou au contraire, des ADN-polymérases psychrophiles (Simon *et al.*, 2009). D'autres écosystèmes microbiens, tels les digesteurs anaérobies incluant à la fois les microbiotes digestifs humains et/ou animaux, et les réacteurs de dépollution industriels, sont naturellement spécialisés dans la métabolisation de certains substrats. Ce sont donc des cibles de choix pour la recherche de fonctions particulières, comme par exemple des activités de dégradation de la biomasse végétale lignocellulosique (Bastien *et al.*, 2013 ; Hess *et al.*, 2011 ; Tasse *et al.*, 2010 ; Warnecke *et al.*, 2007) ou encore des dioxygénases pour la dégradation de composés aromatiques (Suenaga *et al.*, 2007).

Certaines études font état d'étapes d'enrichissement avant la campagne d'échantillonnage, afin d'augmenter l'abondance relative des micro-organismes possédant la fonction ciblée. Cet enrichissement peut être réalisé en modifiant les conditions physico-chimiques du milieu naturel (van Elsas *et al.*, 2008) ou en y incorporant le substrat à métaboliser *in vivo* (Hess *et al.*, 2011) ou alors *in vitro*, dans des réacteurs (DeAngelis *et al.*, 2010) ou des mésocosmes (Jacquiod *et al.*, 2013). Le marquage isotopique (*Stable Isotope Probing*) et le clonage de l'ADN des micro-organismes capables de métaboliser un substrat spécifique préalablement marqué pour la création de banques métagénomiques permettent ainsi d'augmenter le taux de clones positifs de plusieurs ordres de grandeurs (Chen et Murrell, 2010). Ces approches requièrent un contrôle tant fonctionnel que taxonomique des différentes étapes d'enrichissement, souvent séquentielles, afin d'éviter la prolifération de populations dépendantes de l'activité de celles privilégiées au départ. De tels contrôles sont difficiles à réaliser *in vivo*, ce qui augmente de fait le risque de sélectionner les populations capables de métaboliser uniquement les produits de dégradation du substrat initial, au détriment de celles capables de s'attaquer au substrat d'origine plus résistant, de structure complexe.

Le criblage fonctionnel : nouveaux défis pour la découverte de fonctions

Deux approches complémentaires peuvent être utilisées pour la découverte de nouvelles fonctions et familles de protéines au sein de communautés microbiennes. L'une est guidée par l'analyse des séquences nucléotidiques, ribonucléotidiques ou protéiques, l'autre par le criblage direct des fonctions en amont du séquençage (figure 3.1).

La séquence, témoin de l'originalité

Les projets de séquençage massif aléatoire de métagénomes (Gilbert *et al.*, 2010 ; Hess *et al.*, 2011 ; Qin *et al.*, 2010 ; Vogel *et al.*, 2009 ; Yooseph *et al.*, 2007) se sont multipliés ces dernières années et ont permis d'établir des catalogues de millions de gènes issus d'écosystèmes variés, pour la plupart référencés dans les bases

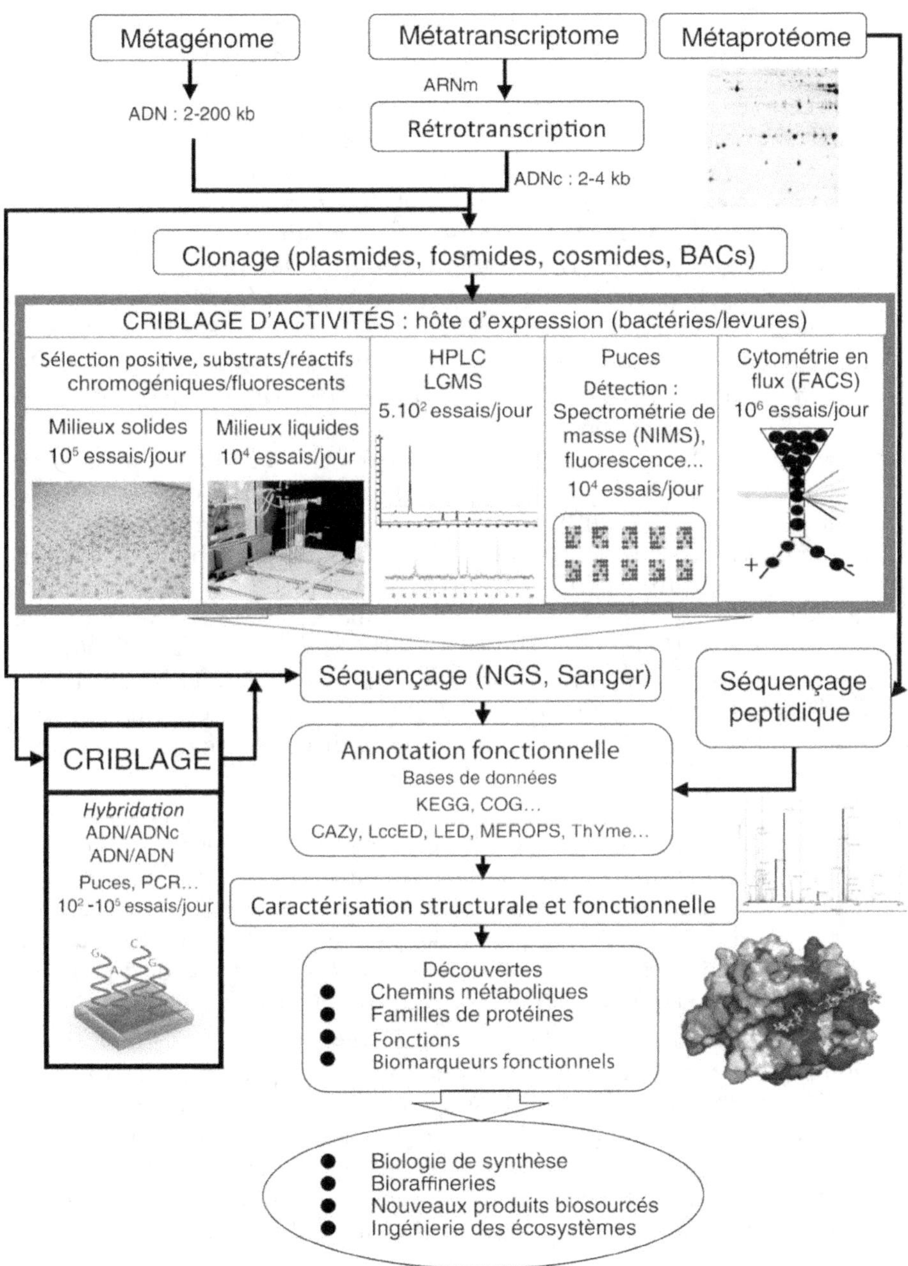

Figure 3.1. Stratégies d'exploration fonctionnelle de métagénomes, métatranscriptomes et métaprotéomes, visant la découverte de nouvelles fonctions et familles protéiques.

de données GOLD[3], MG-RAST[4] et EMBL-EBI metagenomics[5]. En parallèle, les verrous inhérents à l'échantillonnage des métatranscriptomes (fragilité des ARNm, difficulté d'extraction à partir des environnements naturels, séparation des autres types d'ARN) ont été levés, permettant d'accéder à la dynamique fonctionnelle des écosystèmes en fonction de contraintes biotiques ou abiotiques (Saleh-Lakha *et al.*, 2005 ; Schmieder *et al.*, 2012 ; Warnecke et Hess, 2009). Le séquençage de métatranscriptomes a ainsi permis d'identifier de nouvelles familles de gènes, telles que celles issues de communautés microbiennes (procaryotes et/ou eucaryotes) exprimées spécifiquement en réponse à des variations du milieu (Bailly *et al.*, 2007 ; Frias-Lopez *et al.*, 2008 ; Gilbert *et al.*, 2008) et de nouvelles séquences d'enzymes appartenant à des familles connues de CAZymes (*carbohydrate active enzymes*) (Damon *et al.*, 2012 ; Poretsky *et al.*, 2005 ; Tartar *et al.*, 2009).

Quelle que soit l'origine des séquences (ADN ou ADNc, avec ou sans clonage préalable dans un hôte d'expression), les progrès réalisés pour leur annotation automatique, notamment grâce aux serveurs IMG-M et MG-RAST (Markowitz *et al.*, 2008 ; Meyer *et al.*, 2008), permettent désormais de quantifier et de comparer l'abondance de grandes familles fonctionnelles dans les écosystèmes ciblés (Thomas *et al.*, 2012), identifiées par comparaison de séquences aux bases de données fonctionnelles générales KEGG (Kanehisa et Goto, 2000), eggNOG (Muller *et al.*, 2010), et COG/KOG (Tatusov *et al.*, 2003). Ils permettent aussi de rechercher des familles protéiques particulières, grâce à la détection de motifs tels que PFAM (Finn *et al.*, 2010), TIGRFAM (Selengut *et al.*, 2007), CDD (Marchler-Bauer *et al.*, 2009), Prosite (Sigrist *et al.*, 2010) et la construction de modèles HMM (*Hidden Markov Models*) (Söding, 2005). D'autres serveurs permettent d'interroger des bases de données dédiées à des familles enzymatiques spécifiques (tableau 3.1).

Enfin, la performance des méthodes d'assemblage des lectures NGS (*Next Generation Sequencing*) devrait désormais permettre d'accéder à une avalanche de gènes entiers qui nourriront les bases de données expertes, qui ne contiennent aujourd'hui qu'un faible pourcentage de gènes issus d'organismes non cultivés — moins de 1 % pour la base de données CAZy, par exemple, alors que la majorité des études métagénomiques publiées ciblent des écosystèmes riches en activités de dégradation des polysaccharides d'origine végétale par les CAZymes (André *et al.*, 2014).

Même à partir d'une grande majorité de gènes tronqués, l'annotation fonctionnelle de métagénomes et métatranscriptomes permet, *in silico*, d'estimer la diversité fonctionnelle de l'écosystème, mais aussi d'identifier les séquences les plus originales au sein d'une famille protéique déjà connue. Il est alors possible de les capturer spécifiquement par PCR (*Polymerase Chain Reaction*) et de tester expérimentalement leur fonction pour évaluer leur intérêt applicatif. Ainsi, le séquençage du métagénome du rumen (268 Gb) a permis d'identifier

---

3. http://www.genomesonline.org/cgi-bin/GOLD/index
4. http://metagenomics.anl.gov/
5. http://www.ebi.ac.uk/metagenomics

Tableau 3.1. Exemples de bases de données dédiées à des fonctions enzymatiques d'intérêt biotechnologique.

Bases de données	Enzymes	Références
MetaBioME	Enzymes d'intérêt industriel	Sharma *et al.*, 2010
CAZy	CAZymes Enzymes redox auxiliaires pour la dégradation des lignocelluloses	Cantarel *et al.*, 2012 Levasseur *et al.*, 2013
CAT	CAZymes	Park *et al.*, 2010
LccED	Laccases	Sirim *et al.*, 2011
LED	Lipases	Pleiss *et al.*, 2000
MEROPS	Protéases	Rawlings *et al.*, 2011
ThYme	Thioestérases	Cantu *et al.*, 2011

27 755 gènes codant pour des CAZymes, et d'isoler 51 enzymes actives appartenant à des familles connues spécifiques de la dégradation des lignocelluloses (Hess *et al.*, 2011).

La PCR, et plus globalement l'hybridation ADN/ADN ou ADN/ADNc, permettent aussi de capturer directement des gènes codant pour des familles protéiques abondantes et/ou exprimées dans l'écosystème ciblé, mais sans séquençage massif *a priori*. Cette stratégie implique le design de sondes nucléiques ou d'amorces PCR à partir de séquences consensus spécifiques de familles protéiques déjà connues. Il existe de nombreux exemples de découverte d'enzymes dans les métagénomes par ces approches, telles que des laccases bactériennes (Ausec *et al.*, 2011), dioxygénases (Zaprasis *et al.*, 2010), nitrites réductases (Bartossek *et al.*, 2010), hydrogénases (Schmidt *et al.*, 2010), hydrazine oxydoréductases (Li *et al.*, 2010), ou chitinases (Hjort *et al.*, 2010) issues de divers écosystèmes. L'approche GT-metagenomics (*Gene-Targeted-Metagenomics*) (Iwai *et al.*, 2009) combine criblage par PCR et pyroséquençage des amplicons, afin de générer des amorces de façon itérative et d'augmenter la diversité structurale des familles protéiques ciblées, comme par exemple des dioxygénases issues du microbiote d'un sol pollué. L'utilisation de puces fonctionnelles à haute densité permet quant à elle de multiplier de façon drastique le nombre de sondes et donc d'avoir, à bas coût, une image de l'abondance et de la diversité des séquences au sein de familles protéiques spécifiques, et même, lorsque l'ADN ou l'ADNc est cloné (He *et al.*, 2010 ; Weckx *et al.*, 2010), de capturer directement les cibles d'intérêt pour rationaliser le séquençage.

La métaprotéomique a elle aussi récemment fait ses preuves pour l'identification de nouvelles familles protéiques et/ou de fonctions. Couplée aux données génomiques, métagénomiques et métatranscriptomiques (Erickson *et al.*, 2012), elle donne accès à d'excellents biomarqueurs de l'état fonctionnel de l'écosystème. De récents développements, tels que l'ionisation haut débit par électro-nébuliseur (ESI) couplée à la spectrométrie de masse (ESI-MS/MS), permettent l'analyse de l'ensemble du métaprotéome après séparation des protéines par chromatographie liquide. Ainsi, il est possible de mettre en évidence des centaines de protéines sans fonction associée et de nouvelles familles d'enzymes jouant un rôle fonctionnel clé dans l'écosystème (Ram *et al.*, 2005).

Ce dernier exemple illustre la nécessité de recherche et/ou de preuve de fonction expérimentale, pour les protéines de fonction inconnue (produits de gènes orphelins ou au contraire très prévalents dans le monde microbien, mais jamais caractérisés), ou même mal annotées. En effet, les erreurs d'annotation, particulièrement fréquentes pour les protéines multi-modulaires comme les CAZymes, sont propagées à une vitesse croissante, elle-même fonction de l'explosion du nombre de projets de génomique et de méta-génomique, -transcriptomique, -protéomique fonctionnelles. De nouvelles stratégies d'annotation, basées notamment sur la prédiction de structure tridimensionnelle des protéines, mériteraient d'être explorées (Uchiyama et Miyazaki, 2009). Mais, à l'heure actuelle, il reste très difficile de prédire la spécificité de substrat et le mécanisme d'action, donc la fonction des protéines, sur la base de leur séquence ou même de leur structure, notamment lorsqu'il n'existe pas d'homologue caractérisé d'un point de vue structural et fonctionnel. Le criblage fonctionnel permet de relever ce défi.

Le criblage d'activité : accélérateur de découverte d'outils biotechnologiques

Cette approche nécessite trois prérequis :
— le clonage de l'ADN ou des ADNc dans un vecteur d'expression pour la création des banques métagénomiques ou métatranscriptomiques, respectivement,
— l'expression hétérologue des gènes clonés dans un hôte microbien,
— le design de cribles phénotypiques performants permettant d'isoler les clones d'intérêt produisant l'activité ciblée, encore appelés clones « hits ».

Grâce à cette approche, il est possible d'accéder aux fonctions des protéines sans *a priori* sur leur séquence. C'est donc la seule qui permette d'identifier de nouvelles familles de protéines présentant des fonctions connues, ou même inédites (dès lors qu'il est possible de développer un crible adéquat). Enfin, elle permet de rationaliser les efforts de séquençage et de les concentrer sur les seuls hits intéressants, par exemple d'un point de vue biotechnologique. Le potentiel d'expression de l'hôte hétérologue choisi, la taille des inserts d'ADN et la nature des vecteurs conditionnent le succès du criblage fonctionnel. Les fragments courts d'ADN métagénomique (taille inférieure à 15 kb, le plus souvent entre 2 et 5 kb), ou les ADNc pour les banques métatranscriptomiques, clonés dans des plasmides sous l'influence d'un promoteur d'expression fort, permettent la surexpression d'une seule protéine, la récupération et le séquençage aisés de l'ADN des hits (Uchiyama et Miyazaki, 2009). En revanche, des fragments d'ADN bactérien de taille comprise entre 15 et 40 kb, 25 et 45 kb ou même entre 100 et 200 kb, clonés respectivement dans des cosmides, fosmides ou BAC (*Bacterial Artificial Chromosomes*), permettent d'explorer une diversité fonctionnelle de plusieurs Gb par banque, et surtout d'accéder à des clusters multigéniques de type opérons, codant pour des voies cataboliques ou anaboliques complètes. Ceci constitue un intérêt majeur pour la découverte de cocktails d'activités synergiques de dégradation des substrats complexes, tels que la paroi végétale pour les bioraffineries. Cette stratégie permet aussi une grande fiabilité d'annotation taxonomique des inserts, et même d'identifier des éléments mobiles responsables de la plasticité du métagénome bactérien, médié par transferts horizontaux de gènes (Tasse *et al.*, 2010). Cependant, elle nécessite de disposer de cribles d'activités sensibles, dans la mesure où les gènes cibles sont faiblement exprimés, sous le contrôle de leurs propres promoteurs natifs.

Escherichia coli, dont l'efficacité de transformation est exceptionnellement élevée même pour des fosmides ou BAC, reste un hôte de choix dans l'immense majorité des études publiées. La première étude exhaustive de criblage fonctionnel de banque fosmidique a révélé qu'*E. coli* permet d'exprimer des gènes issus de bactéries très éloignées d'un point de vue taxonomique, dont un grand nombre de Bacteroidetes et de Gram positives (Tasse *et al.*, 2010), contrairement à ce qui était prédit par détection *in silico* de signaux d'expression compatibles avec *E. coli* (Gabor *et al.*, 2004). Mais l'intérêt du développement de vecteurs navettes pour cribler les banques métagénomiques dans des hôtes présentant des potentiels d'expression et de sécrétion différents, comme par exemple *Bacillus*, *Sphingomonas*, *Streptomyces*, *Thermus* ou les α-, β- et γ-protéobactéries (Ekkers *et al.*, 2012 ; Taupp *et al.*, 2011), ne doit pas être sous-estimé, afin de déverrouiller le potentiel fonctionnel de taxons variés et d'augmenter la sensibilité des cribles. Enfin, il est encore très difficile d'accéder à la fraction non cultivée des micro-organismes eucaryotes, à cause du déficit en hôtes de criblage présentant une efficacité de transformation suffisamment importante pour la création de larges banques de clones (et donc l'exploration d'un vaste espace de séquences) et compatibles avec les modifications post-traductionnelles nécessaires à l'obtention de protéines recombinantes fonctionnelles d'origine eucaryote.

Ainsi, à l'heure actuelle, seules quelques études ont été publiées sur le criblage d'activités enzymatiques de banques métatranscriptomiques (permettant ainsi de s'affranchir des introns) d'eucaryotes du sol et du rumen (Bailly *et al.*, 2007 ; Findley *et al.*, 2011).

Quel que soit le type de banque à cribler, l'exploration fonctionnelle de centaines de milliers de clones est nécessaire alors que le taux de hits dépasse rarement 6 ‰ (Bastien *et al.*, 2013 ; Duan *et al.*, 2009). Ceci requiert des cribles primaires à très haut débit en milieu solide, avant ou après organisation robotisée des banques au format micro-plaques 96 ou 384 puits, en milieu liquide après lyse cellulaire par lyse enzymatique et/ou congélation/décongélation (Bao *et al.*, 2011), ou en utilisant des vecteurs auto-lytiques inductibles aux UV (Li *et al.*, 2007). Cette étape est souvent suivie d'une caractérisation à moyen ou bas débit des propriétés des hits obtenus, notamment pour évaluer leur intérêt biotechnologique (Tasse *et al.*, 2010).

Deux stratégies génériques, utilisées à des débits dépassant 400 000 tests par semaine, ont été et continuent d'être massivement utilisées. La sélection positive sur milieux, contenant par exemple les substrats à métaboliser comme seule source de carbone, permet d'isoler des enzymes (Henne *et al.*, 1999), des voies cataboliques complètes (Cecchini *et al.*, 2013) ou des transporteurs membranaires (Majerník *et al.*, 2001). Cette approche permet aussi d'identifier facilement des gènes de résistance aux antibiotiques (Diaz-Torres *et al.*, 2006). L'utilisation de substrats ou réactifs chromogéniques (Bastien *et al.*, 2013 ; Beloqui *et al.*, 2010 ; Nyyssonen *et al.*, 2013), fluorescents (LeCleir *et al.*, 2007) ou opalescents, comme de nombreux polymères ou protéines insolubles (Mayumi *et al.*, 2008 ; Waschkowitz *et al.*, 2009), ou tout simplement l'observation d'un phénotype de clone original, a d'ores et déjà permis d'isoler plusieurs centaines d'enzymes cataboliques, comme de nombreuses hydrolases d'origines taxonomiques très variées (Simon et Daniel, 2009), certaines étant codées par des gènes très abondants dans l'écosystème ciblé (Gloux *et al.*, 2011 ; Jones *et al.*, 2008), mais également, bien que plus rarement, de nouvelles oxydoréductases (Knietsch *et al.*, 2003). De nouvelles enzymes (laccases, estérases et oxygénases notamment), issues de communautés microbiennes d'origines très diverses (sol, eau, boues activées, tubes digestifs), ont été mises en évidence pour leur aptitude à dégrader des polluants, tels que nitriles (Robertson et Steer, 2004), lindane (Boubakri *et al.*, 2006), styrène (Van Hellemond *et al.*, 2007), naphtalène (Ono *et al.*, 2007), hydrates de carbone aliphatiques et aromatiques (Uchiyama *et al.*, 2005 ; Brennerova *et al.*, 2009 ; Lu *et al.*, 2012), organophosphorés (Kambiranda *et al.*, 2009 ; Math *et al.*, 2010) ou matières plastiques (Mayumi *et al.*, 2008).

La découverte de protéines impliquées dans les interactions procaryotes-eucaryotes (Lakhdari *et al.*, 2010) ou de voies anaboliques est plus rare, car elle nécessite souvent le développement de cribles complexes et à plus bas débit. Quelques exemples de cribles simples, basés sur l'aptitude de clones métagénomiques à inhiber la croissance d'une souche en produisant une activité antibactérienne ou à complémenter une souche auxotrophe pour un composé particulier, ont néanmoins permis d'identifier de nouvelles voies de synthèse de molécules antimicrobiennes (Brady et Clardy, 2004) ou de biotine (Entcheva *et al.*, 2001). Les nanotechnologies, et notamment les derniers développements dédiés au criblage moyen débit de banques obtenues par ingénierie combinatoire des protéines, permettent quant à elles de concevoir des puces construites à façon et couvertes d'une à plusieurs centaines de substrats enzymatiques spécifiques, dont la transformation peut être suivie par fluorescence, chimioluminescence, immunodétection, résonnance plasmodique de surface (SPR) ou spectrométrie de masse (André *et al.*, 2014). La technologie NIMS (*Nanostructure-Initiator Mass Spectrometry*), couplant fluorescence et spectrométrie de masse, constitue le premier exemple d'application à la métagénomique fonctionnelle pour la découverte d'enzymes anaboliques, des sialyltransférases (Northen *et al.*, 2008).

Enfin, les technologies microfluidiques représentent un intérêt indiscutable pour atteindre des cadences de criblage d'un million de clones par jour. Ainsi, la méthode SIGEX (*Substrate Induced Gene-Expression screening*) a été développée pour isoler par FACS (*Fluorescence-Activated Cell Sorting*) des clones plasmidiques contenant des gènes (ou fragments de gènes) induisant l'expression d'un marqueur fluorescent en réponse à un substrat particulier. Mais cette technique n'est adaptée qu'à des substrats de petite taille, non létaux et internalisables pour la souche hôte (Uchiyama et Watanabe, 2008). Enfin, les progrès réalisés ces dernières années pour la compartimentation cellulaire dans des circuits microfluidiques (Nawy,

2013) devraient permettre, eux, d'accélérer massivement la découverte de nouvelles enzymes exprimées de façon intracellulaire, membranaire ou extracellulaire, même si la preuve de concept se fait attendre pour le criblage à ultra-haut débit des métagénomes et métatranscriptomes.

Conclusion

L'essor des technologies méta-omiques de la dernière décennie a permis de lever le voile sur les fonctions de la fraction non cultivée des écosystèmes microbiens. De nombreuses enzymes ont été découvertes, notamment grâce aux approches expérimentales d'exploration fonctionnelle des métagénomes. Bon nombre d'entre elles constituent de nouveaux outils pour les biotechnologies industrielles, dès lors que leurs performances peuvent être évaluées rapidement dans le cadre d'un procédé déjà connu, ou qu'elles catalysent de nouvelles réactions jamais décrites auparavant. Il reste cependant plusieurs défis à relever pour accélérer la cadence de découverte de nouvelles fonctions, et exploiter de façon optimale la diversité fonctionnelle encore inexplorée. D'abord, si la fraction non cultivée procaryote des communautés microbiennes fait toujours l'objet de nombreuses études, les fonctions de la fraction eucaryote ont été très peu explorées sur le plan expérimental, alors même qu'elles assurent un rôle fondamental pour de nombreux écosystèmes. Ensuite, dans la majorité des cas, les fonctions découvertes grâce aux approches méta-omiques ont un rôle catabolique, notamment dédié à la déconstruction de la biomasse végétale ou à la bioremédiation. La mise au point de cribles fonctionnels permettant d'accéder aux fonctions anaboliques est donc nécessaire pour enrichir le catalogue des réactions disponibles pour la biologie de synthèse. Enfin, trop peu d'études visent à identifier le rôle de familles protéiques très prévalentes dans l'écosystème ciblé mais encore jamais caractérisées, alors même que certaines d'entre elles pourraient être considérées comme des biomarqueurs de l'état fonctionnel de la communauté microbienne. Ciblant la caractérisation de ces nouvelles familles protéiques et l'identification de fonctions inédites, l'intégration des données biochimiques, génomiques et méta-omiques est désormais possible (Ladevèze *et al.*, 2013), ouvrant ainsi la voie à une meilleure compréhension du fonctionnement des écosystèmes microbiens, et par là même, à leur contrôle.

Références bibliographiques

André I., Potocki-Véronèse G., Barbe S., Moulis C., Remaud-Siméon M., 2014. CAZyme discovery and design for sweet dreams. *Curr. Opin. Chem. Biol.*, 19, 17-24.

Ausec L., van Elsas J.D., Mandic-Mulec I., 2011. Two- and three-domain bacterial laccase-like genes are present in drained peat soils. *Soil Biol. Biochem.*, 43, 975-983.

Bailly J., Fraissinet-Tachet L., Verner M.-C., Debaud J.-C., Lemaire M., Wésolowski-Louvel M., Marmeisse R., 2007. Soil eukaryotic functional diversity, a metatranscriptomic approach. *ISME J.*, 1, 632-642.

Bao L., Huang Q., Chang L., Zhou J., Lu H., 2011. Screening and characterization of a cellulase with endocellulase and exocellulase activity from yak rumen metagenome. *J. Mol. Catal. B Enzym.*, 73, 104-110.

Bartossek R., Nicol G.W., Lanzen A., Klenk H.-P., Schleper C., 2010. Homologues of nitrite reductases in ammonia-oxidizing archaea: diversity and genomic context. *Environ. Microbiol.*, 12, 1075-1088.

Bastien G., Arnal G., Bozonnet S., Laguerre S., Ferreira F., Fauré R., Henrissat B., Lefèvre F., Robe P., Bouchez O., Noirot C., Dumon C., O'Donohue M., 2013. Mining for hemicellulases in the fungus-growing termite *Pseudacanthotermes militaris* using functional metagenomics. *Biotechnol. Biofuels*, 6, 78.

Beloqui A., Polaina J., Vieites J.M., Reyes-Duarte D., Torres R., Golyshina O.V., Chernikova T.N., Waliczek A., Aharoni A., Yakimov M.M., Timmis K.N., Golyshin P.N., Ferrer M., 2010. Novel hybrid esterase-haloacid dehalogenase enzyme. *Chembiochem*, 11, 1975-1978.

Boubakri H., Beuf M., Simonet P., Vogel T.M., 2006. Development of metagenomic DNA shuffling for the construction of a xenobiotic gene. *Gene*, 375, 87-94.

Brady S.F., Clardy J., 2004. Palmitoylputrescine, an antibiotic isolated from the heterologous expression of DNA extracted from Bromeliad tank water. *J. Nat. Prod.*, 67, 1283-1286.

Brennerova M.V., Josefiova J., Brenner V., Pieper D.H., Junca H., 2009. Metagenomics reveals diversity and abundance of meta-cleavage pathways in microbial communities from soil highly contaminated with jet fuel under air-sparging bioremediation. *Environ. Microbiol.*, 11, 2216-2227.

Cantarel B.L., Lombard V., Henrissat B., 2012. Complex carbohydrate utilization by the healthy human microbiome. *PLoS ONE*, 7, e28742.

Cantu D.C., Chen Y., Lemons M.L., Reilly P.J., 2011. ThYme: a database for thioester-active enzymes. *Nucleic Acids Res.*, 39, D342-D346.

Cecchini D.A., Laville E., Laguerre S., Robe P., Leclerc M., Doré J., Henrissat B., Remaud-Siméon M., Monsan P., Potocki-Véronèse G., 2013. Functional metagenomics reveals novel pathways of prebiotic breakdown by human gut bacteria. *PLoS ONE*, 8, e72766.

Chen Y., Murrell J.C., 2010. When metagenomics meets stable-isotope probing: progress and perspectives. *Trends Microbiol.*, 18, 157-163.

Damon C., Lehembre F., Oger-Desfeux C., Luis P., Ranger J., Fraissinet-Tachet L., Marmeisse R., 2012. Metatranscriptomics reveals the diversity of genes expressed by eukaryotes in forest soils. *PLoS ONE*, 7, e28967.

DeAngelis K.M., Gladden J.M., Allgaier M., D'haeseleer P., Fortney J.L., Reddy A., Hugenholtz P., Singer S.W., Gheynst J.S.V., Silver W.L., Simmons B.A., Hazen T.C., 2010. Strategies for enhancing the effectiveness of metagenomic-based enzyme discovery in lignocellulolytic microbial communities. *BioEnergy Res.*, 3, 146-158.

Diaz-Torres M.L., Villedieu A., Hunt N., McNab R., Spratt D.A., Allan E., Mullany P., Wilson M., 2006. Determining the antibiotic resistance potential of the indigenous oral microbiota of humans using a metagenomic approach. *FEMS Microbiol. Lett.*, 258, 257-262.

Duan C.-J., Xian L., Zhao G.-C., Feng Y., Pang H., Bai X.-L., Tang J.-L., Ma Q.-S., Feng J.-X., 2009. Isolation and partial characterization of novel genes encoding acidic cellulases from metagenomes of buffalo rumens. *J. Appl. Microbiol.*, 107, 245-256.

Ekkers D.M., Cretoiu M.S., Kielak A.M., van Elsas J.D., 2012. The great screen anomaly - a new frontier in product discovery through functional metagenomics. *Appl. Microbiol. Biotechnol.*, 93, 1005-1020.

Entcheva P., Liebl W., Johann A., Hartsch T., Streit W.R., 2001. Direct cloning from enrichment cultures, a reliable strategy for isolation of complete operons and genes from microbial consortia. *Appl. Environ. Microbiol.*, 67, 89-99.

Erickson A.R., Cantarel B.L., Lamendella R., Darzi Y., Mongodin E.F., Pan C., Shah M., Halfvarson J., Tysk C., Henrissat B., Raes J., Verberkmoes N.C., Fraser C.M., Hettich R.L., Jansson J.K., 2012. Integrated metagenomics/metaproteomics reveals human host-microbiota signatures of Crohn's disease. *PLoS ONE*, 7, e49138.

Ferrer M., Golyshina O.V., Chernikova T.N., Khachane A.N., Martins dos Santos V.A.P., Yakimov M.M., Timmis K.N., Golyshin P.N., 2005. Microbial enzymes mined from the Urania deep-sea hypersaline anoxic basin. *Chem. Biol.*, 12, 895-904.

Findley S.D., Mormile M.R., Sommer-Hurley A., Zhang X.-C., Tipton P., Arnett K., Porter J.H., Kerley M., Stacey G., 2011. Activity-based metagenomic screening and biochemical characterization of bovine ruminal protozoan glycoside hydrolases. *Appl. Environ. Microbiol.*, 77, 8106-8113.

Finn R.D., Mistry J., Tate J., Coggill P., Heger A., Pollington J.E., Gavin O.L., Gunasekaran P., Ceric G., Forslund K., Holm L., Sonnhammer E.L.L., Eddy S.R., Bateman A., 2010. The Pfam protein families database. *Nucleic Acids Res.*, 38, D211-D222.

Frias-Lopez J., Shi Y., Tyson G.W., Coleman M.L., Schuster S.C., Chisholm S.W., DeLong E.F., 2008. Microbial community gene expression in ocean surface waters. *Proc. Natl Acad. Sci. USA*, 105, 3805-3810.

Gabor E.M., Alkema W.B.L., Janssen D.B., 2004. Quantifying the accessibility of the metagenome by random expression cloning techniques. *Environ. Microbiol.*, 6, 879-886.

Gilbert J.A., Field D., Huang Y., Edwards R., Li W., Gilna P., Joint I., 2008. Detection of large numbers of novel sequences in the metatranscriptomes of complex marine microbial communities. *PLoS ONE*, 3, e3042.

Gilbert J.A., Field D., Swift P., Thomas S., Cummings D., Temperton B., Weynberg K., Huse S., Hughes M., Joint I., Somerfield P.J., Mühling M., 2010. The taxonomic and functional diversity of microbes at a temperate coastal site: a "multi-omic" study of seasonal and diel temporal variation. *PLoS ONE*, 5, e15545.

Gloux K., Berteau O., El oumami H., Beguet F., Leclerc M., Dore J., 2011. A metagenomic β-glucuronidase uncovers a core adaptive function of the human intestinal microbiome. *Proc. Natl Acad. Sci. USA*, 108, 4539-4546.

He S., Kunin V., Haynes M., Martin H.G., Ivanova N., Rohwer F., Hugenholtz P., McMahon K.D., 2010. Metatranscriptomic array analysis of "*Candidatus accumulibacter phosphatis*"-enriched enhanced biological phosphorus removal sludge. *Environ. Microbiol.*, 12, 1205-1217.

Henne A., Daniel R., Schmitz R.A., Gottschalk G., 1999. Construction of environmental DNA libraries in *Escherichia coli* and screening for the presence of genes conferring utilization of 4-Hydroxybutyrate. *Appl. Environ. Microbiol.*, 65, 3901-3907.

Hess M., Sczyrba A., Egan R., Kim T.-W., Chokhawala H., Schroth G., Luo S., Clark D.S., Chen F., Zhang T., Mackie R.I., Pennacchio L.A., Tringe S.G., Visel A., Woyke T., Wang Z., Rubin E.M., 2011. Metagenomic discovery of biomass-degrading genes and genomes from cow rumen. *Science*, 331, 463-467.

Hjort K., Bergström M., Adesina M.F., Jansson J.K., Smalla K., Sjöling S., 2010. Chitinase genes revealed and compared in bacterial isolates, DNA extracts and a metagenomic library from a phytopathogen-suppressive soil. *FEMS Microbiol. Ecol.*, 71, 197-207.

Iwai S., Chai B., Sul W.J., Cole J.R., Hashsham S.A., Tiedje J.M., 2009. Gene-targeted-metagenomics reveals extensive diversity of aromatic dioxygenase genes in the environment. *ISME J.*, 4, 279-285.

Jacquiod S., Franqueville L., Cécillon S., Vogel T.M., Simonet P., 2013. Soil bacterial community shifts after chitin enrichment: an integrative metagenomic approach. *PLoS ONE*, 8, e79699.

Jones B.V., Begley M., Hill C., Gahan C.G.M., Marchesi J.R., 2008. Functional and comparative metagenomic analysis of bile salt hydrolase activity in the human gut microbiome. *Proc. Natl Acad. Sci. USA*, 105, 13580-13585.

Kambiranda D.M., Asraful-Islam S.M., Cho K.M., Math R.K., Lee Y.H., Kim H., Yun H.D., 2009. Expression of esterase gene in yeast for organophosphates biodegradation. *Pestic. Biochem. Physiol.*, 94, 15-20.

Kanehisa M., Goto S., 2000. KEGG: Kyoto encyclopedia of genes and genomes. *Nucleic Acids Res.*, 28, 27-30.

Knietsch A., Waschkowitz T., Bowien S., Henne A., Daniel R., 2003. Construction and screening of metagenomic libraries derived from enrichment cultures: generation of a gene bank for genes conferring alcohol oxidoreductase activity on *Escherichia coli*. *Appl. Environ. Microbiol.*, 69, 1408-1416.

Ladevèze S., Tarquis L., Cecchini D.A., Bercovici J., André I., Topham C.M., Morel S., Laville E., Monsan P.F., Lombard V., Henrissat B., Potocki-Véronèse G., 2013. Role of glycoside-phosphorylases in mannose foraging by human gut bacteria. *J. Biol. Chem.*, 288, 32370-32383.

Lakhdari O., Cultrone A., Tap J., Gloux K., Bernard F., Ehrlich S.D., Lefèvre F., Doré J., Blottière H.M., 2010. Functional metagenomics: A high throughput screening method to decipher microbiota-driven NF-κB modulation in the human gut. *PLoS ONE*, 5, e13092.

LeCleir G.R., Buchan A., Maurer J., Moran M.A., Hollibaugh J.T., 2007. Comparison of chitinolytic enzymes from an alkaline, hypersaline lake and an estuary. *Environ. Microbiol.*, 9, 197-205.

Levasseur A., Drula E., Lombard V., Coutinho P.M., Henrissat B., 2013. Expansion of the enzymatic repertoire of the CAZy database to integrate auxiliary redox enzymes. *Biotechnol. Biofuels*, 6, 41.

Li M., Hong Y., Klotz M.G., Gu J.-D., 2010. A comparison of primer sets for detecting 16S rRNA and hydrazine oxidoreductase genes of anaerobic ammonium-oxidizing bacteria in marine sediments. *Appl. Microbiol. Biotechnol.*, 86, 781-790.

Li S., Xu L., Hua H., Ren C., Lin Z., 2007. A set of UV-inducible autolytic vectors for high throughput screening. *J. Biotechnol.*, 127, 647-652.

Lu Z., Deng Y., Van Nostrand J.D., He Z., Voordeckers J., Zhou A., Lee Y.-J., Mason O.U., Dubinsky E.A., Chavarria K.L., Tom L.M., Fortney J.L., Lamendella R., Jansson J.K., D'haeseleer P., Hazen T.C., Zhou J., 2012. Microbial gene functions enriched in the Deepwater Horizon deep-sea oil plume. *ISME J.*, 6, 451-460.

Majerník A., Gottschalk G., Daniel R., 2001. Screening of environmental DNA libraries for the presence of genes conferring Na+(Li+)/H+antiporter activity on *Escherichia coli*: characterization of the recovered genes and the corresponding gene products. *J. Bacteriol.*, 183, 6645-6653.

Marchler-Bauer A., Anderson J.B., Chitsaz F., Derbyshire M.K., DeWeese-Scott C., Fong J.H., *et al.*, 2009. CDD: specific functional annotation with the Conserved Domain Database. *Nucleic Acids Res.*, 37, D205-D210.

Markowitz V.M., Ivanova N.N., Szeto E., Palaniappan K., Chu K., Dalevi D., Chen I.-M.A., Grechkin Y., Dubchak I., Anderson I., Lykidis A., Mavromatis K., Hugenholtz P., Kyrpides N.C., 2008. IMG/M: a data management and analysis system for metagenomes. *Nucleic Acids Res.*, 36, D534-D538.

Math R.K., Islam S.M.A., Cho K.M., Hong S.J., Kim J.M., Yun M.G., Cho J.J., Heo J.Y., Lee Y.H., Kim H., Yun H.D., 2010. Isolation of a novel gene encoding a 3,5,6-trichloro-2-pyridinol degrading enzyme from a cow rumen metagenomic library. *Biodegradation*, 21, 565-573.

Mayumi D., Akutsu-Shigeno Y., Uchiyama H., Nomura N., Nakajima-Kambe T., 2008. Identification and characterization of novel poly(dl-lactic acid) depolymerases from metagenome. *Appl. Microbiol. Biotechnol.*, 79, 743-750.

Meyer F., Paarmann D., D'Souza M., Olson R., Glass E.M., Kubal M., Paczian T., Rodriguez A., Stevens R., Wilke A., Wilkening J., Edwards R.A., 2008. The metagenomics RAST server - a public resource for the automatic phylogenetic and functional analysis of metagenomes. *BMC Bioinformatics*, 9, 386.

Muller J., Szklarczyk D., Julien P., Letunic I., Roth A., Kuhn M., Powell S., von Mering C., Doerks T., Jensen L.J., Bork P., 2010. eggNOG v2.0: extending the evolutionary genealogy of genes with enhanced non-supervised orthologous groups, species and functional annotations. *Nucleic Acids Res.*, 38, D190-D195.

Nawy T., 2013. Lab-On-A-Chip: Receptive cells feel the squeeze. *Nat. Methods*, 10, 198-198.

Northen T.R., Lee J.-C., Hoang L., Raymond J., Hwang D.-R., Yannone S.M., Wong C.-H., Siuzdak G., 2008. A nanostructure-initiator mass spectrometry-based enzyme activity assay. *Proc. Natl Acad. Sci. USA*, 105, 3678-3683.

Nyyssonen M., Tran H.M., Karaoz U., Weihe C., Hadi M.Z., Martiny J.B.H., Martiny A.C., Brodie E.L., 2013. Coupled high-throughput functional screening and next generation sequencing for identification of plant polymer decomposing enzymes in metagenomic libraries. *Front. Microbiol.*, 4, 282.

Ono A., Miyazaki R., Sota M., Ohtsubo Y., Nagata Y., Tsuda M., 2007. Isolation and characterization of naphthalene-catabolic genes and plasmids from oil-contaminated soil by using two cultivation-independent approaches. *Appl. Microbiol. Biotechnol.*, 74, 501-510.

Park B.H., Karpinets T.V., Syed M.H., Leuze M.R., Uberbacher E.C., 2010. CAZymes Analysis Toolkit (CAT): Web service for searching and analyzing carbohydrate-active enzymes in a newly sequenced organism using CAZy database. *Glycobiology*, 20, 1574-1584.

Pleiss J., Fischer M., Peiker M., Thiele C., Rolf D., 2000. Lipase engineering database: Understanding and exploiting sequence–structure–function relationships. *J. Mol. Catal. B Enzym.*, 10, 491-508.

Poretsky R.S., Bano N., Buchan A., LeCleir G., Kleikemper J., Pickering M., Pate W.M., Moran M.A., Hollibaugh J.T., 2005. Analysis of microbial gene transcripts in environmental samples. *Appl. Environ. Microbiol.*, 71, 4121-4126.

Qin J., Li R., Raes J., Arumugam M., Burgdorf K.S., Manichanh C., *et al.*, 2010. A human gut microbial gene catalogue established by metagenomic sequencing. *Nature*, 464, 59-65.

Ram R.J., VerBerkmoes N.C., Thelen M.P., Tyson G.W., Baker B.J., Blake R.C., Shah M., Hettich R.L., Banfield J.F., 2005. Community proteomics of a natural microbial biofilm. *Science*, i, 1915-1920.

Rawlings N.D., Barrett A.J., Bateman A., 2011. MEROPS: the database of proteolytic enzymes, their substrates and inhibitors. *Nucleic Acids Res.*, 40, D343-D350.

Robertson D.E., Steer B.A., 2004. Recent progress in biocatalyst discovery and optimization. *Curr. Opin. Chem. Biol.*, 8, 141-149.

Saleh-Lakha S., Miller M., Campbell R.G., Schneider K., Elahimanesh P., Hart M.M., Trevors J.T., 2005. Microbial gene expression in soil: methods, applications and challenges. *J. Microbiol. Methods*, 63, 1-19.

Schmidt O., Drake H.L., Horn M.A., 2010. Hitherto unknown [Fe-Fe]-hydrogenase gene diversity in anaerobes and anoxic enrichments from a moderately acidic fen. *Appl. Environ. Microbiol.*, 76, 2027-2031.

Schmieder R., Lim Y.W., Edwards R., 2012. Identification and removal of ribosomal RNA sequences from metatranscriptomes. *Bioinformatics*, 28, 433-435.

Selengut J.D., Haft D.H., Davidsen T., Ganapathy A., Gwinn-Giglio M., Nelson W.C., Richter A.R., White O., 2007. TIGRFAMs and genome properties: tools for the assignment of molecular function and biological process in prokaryotic genomes. *Nucleic Acids Res.*, 35, D260-D264.

Sharma V.K., Kumar N., Prakash T., Taylor T.D., 2010. MetaBioME: a database to explore commercially useful enzymes in metagenomic datasets. *Nucleic Acids Res.*, 38, D468-D472.

Sigrist C.J.A., Cerutti L., Castro E. de, Langendijk-Genevaux P.S., Bulliard V., Bairoch A., Hulo N., 2010. PROSITE, a protein domain database for functional characterization and annotation. *Nucleic Acids Res.*, 38, D161-D166.

Simon C., Daniel R., 2009. Achievements and new knowledge unraveled by metagenomic approaches. *Appl. Microbiol. Biotechnol.*, 85, 265-276.

Simon C., Herath J., Rockstroh S., Daniel R., 2009. Rapid identification of genes encoding DNA polymerases by function-based screening of metagenomic libraries derived from glacial ice. *Appl. Environ. Microbiol.*, 75, 2964-2968.

Sirim D., Wagner F., Wang L., Schmid R.D., Pleiss J., 2011. The laccase engineering database: a classification and analysis system for laccases and related multicopper oxidases. *Database J. Biol. Databases Curation* 2011.

Söding J., 2005. Protein homology detection by HMM–HMM comparison. *Bioinformatics*, 21, 951-960.

Suenaga H., Ohnuki T., Miyazaki K., 2007. Functional screening of a metagenomic library for genes involved in microbial degradation of aromatic compounds. *Environ. Microbiol.*, 9, 2289-2297.

Tartar A., Wheeler M.M., Zhou X., Coy M.R., Boucias D.G., Scharf M.E., 2009. Parallel metatranscriptome analyses of host and symbiont gene expression in the gut of the termite *Reticulitermes flavipes*. *Biotechnol. Biofuels*, 2, 25.

Tasse L., Bercovici J., Pizzut-Serin S., Robe P., Tap J., Klopp C., Cantarel B.L., Coutinho P.M., Henrissat B., Leclerc M., Doré J., Monsan P., Remaud-Simeon M., Potocki-Veronèse G., 2010. Functional metagenomics to mine the human gut microbiome for dietary fiber catabolic enzymes. *Genome Res.*, 20, 1605-1612.

Tatusov R.L., Fedorova N.D., Jackson J.D., Jacobs A.R., Kiryutin B., Koonin E.V., Krylov D.M., Mazumder R., Mekhedov S.L., Nikolskaya A.N., Sridhar Rao B., Smirnov S., Sverdlov A.V., Vasudevan S., Wolf Y.I., Yin J.J., Natale D.A., 2003. The COG database: an updated version includes eukaryotes. *BMC Bioinformatics*, 4, 41.

Taupp M., Mewis K., Hallam S.J., 2011. The art and design of functional metagenomic screens. *Curr. Opin. Biotechnol.*, 22, 465-472.

Thomas T., Gilbert J., Meyer F., 2012. Metagenomics - a guide from sampling to data analysis. *Microb. Inform. Exp.*, 2, 3.

Tirawongsaroj P., Sriprang R., Harnpicharnchai P., Thongaram T., Champreda V., Tanapongpipat S., Pootanakit K., Eurwilaichitr L., 2008. Novel thermophilic and thermostable lipolytic enzymes from a Thailand hot spring metagenomic library. *J. Biotechnol.*, 133, 42-49.

Uchiyama T., Miyazaki K., 2009. Functional metagenomics for enzyme discovery: challenges to efficient screening. *Curr. Opin. Biotechnol.*, 20, 616-622.

Uchiyama T., Watanabe K., 2008. Substrate-induced gene expression (SIGEX) screening of metagenome libraries. *Nat. Protoc.*, 3, 1202-1212.

Uchiyama T., Abe T., Ikemura T., Watanabe K., 2005. Substrate-induced gene-expression screening of environmental metagenome libraries for isolation of catabolic genes. *Nat. Biotechnol.*, 23, 88-93.

Van Elsas J.D., Costa R., Jansson J., Sjöling S., Bailey M., Nalin R., Vogel T.M., van Overbeek L., 2008. The metagenomics of disease-suppressive soils - experiences from the METACONTROL project. *Trends Biotechnol.*, 26, 591-601.

Van Hellemond E.W., Janssen D.B., Fraaije M.W., 2007. Discovery of a novel styrene monooxygenase originating from the metagenome. *Appl. Environ. Microbiol.*, 73, 5832-5839.

Vogel T.M., Simonet P., Jansson J.K., Hirsch P.R., Tiedje J.M., van Elsas J.D., Bailey M.J., Nalin R., Philippot L., 2009. TerraGenome: a *consortium* for the sequencing of a soil metagenome. *Nat. Rev. Microbiol.*, 7, 252-252.

Warnecke F., Hess M., 2009. A perspective: Metatranscriptomics as a tool for the discovery of novel biocatalysts. *J. Biotechnol.*, 142, 91-95.

Warnecke F., Luginbühl P., Ivanova N., Ghassemian M., Richardson T.H., Stege J.T., *et al.*, 2007. Metagenomic and functional analysis of hindgut microbiota of a wood-feeding higher termite. *Nature*, 450, 560-565.

Waschkowitz T., Rockstroh S., Daniel R., 2009. Isolation and characterization of metalloproteases with a novel domain structure by construction and screening of metagenomic libraries. *Appl. Environ. Microbiol.*, 75, 2506-2516.

Weckx S., der Meulen R.V., Allemeersch J., Huys G., Vandamme P., Hummelen P.V., Vuyst L.D., 2010. Community dynamics of bacteria in sourdough fermentations as revealed by their metatranscriptome. *Appl. Environ. Microbiol.*, 76, 5402-5408.

Yin Y., Mao X., Yang J., Chen X., Mao F., Xu Y., 2012. dbCAN: a web resource for automated carbohydrate-active enzyme annotation. *Nucleic Acids Res.*, 40, W445-451.

Yooseph S., Sutton G., Rusch D.B., Halpern A.L., Williamson S.J., Remington K., *et al.*, 2007. The Sorcerer II global ocean sampling expedition: Expanding the universe of protein families. *PLoS Biol.*, 5, e16.

Zanaroli G., Balloi A., Negroni A., Daffonchio D., Young L.Y., Fava F., 2010. Characterization of the microbial community from the marine sediment of the Venice lagoon capable of reductive dechlorination of coplanar polychlorinated biphenyls (PCBs). *J. Hazard. Mater.*, 178, 417-426.

Zaprasis A., Liu Y.-J., Liu S.-J., Drake H.L., Horn M.A., 2010. Abundance of novel and diverse *tfdA*-like genes, encoding putative phenoxyalkanoic acid herbicide-degrading dioxygenases, in soil. *Appl. Environ. Microbiol.*, 76, 119-128.

4

Microbiote intestinal et typage

Patricia Lepage, Philippe Gérard

Introduction

Le tractus digestif humain héberge plus de 100 000 milliards de micro-organismes, principalement des bactéries et des archées, qui constituent le microbiote intestinal. Le nombre de bactéries dans l'intestin humain dépasse le nombre de cellules eucaryotes d'un facteur 10, et des mécanismes finement régulés leur permettent de coloniser le tractus digestif et d'y survivre dans une relation de commensalisme. Le nombre restreint de phyla bactériens, principalement des Firmicutes, Bacteroidetes, Actinobacteria et Proteobacteria, en comparaison à d'autres écosystèmes, suggère une co-évolution étroite entre l'hôte et son microbiote intestinal au cours des âges, responsable de l'homéostasie intestinale physiologique (Eckburg *et al.*, 2005). L'homme fournit un environnement riche en nutriments, et le microbiote assure des fonctions primordiales que l'hôte ne peut effectuer lui-même, il peut donc être considéré comme un organe supplémentaire du corps humain (Bocci, 1992). Ces fonctions sont à la fois d'ordre métabolique (fermentation colique et production d'acides gras à chaînes courtes, synthèse de vitamines essentielles telles que la biotine ou l'acide folique), protecteur (effet de barrière renforçant la résistance à la colonisation par des agents pathogènes opportunistes, sécrétion de peptides anti-microbiens) et de structure (maturation de l'épithélium intestinal et du système immunitaire) (O'Hara et Shanahan, 2006).

Le nouveau-né, dans un environnement stérile *in utero*, se retrouve à la naissance en contact avec des bactéries, provenant du microbiote maternel (fécal et vaginal) et de l'environnement, qui vont rapidement et séquentiellement coloniser son tube digestif. Fluctuant au début de la vie, l'assemblage du microbiote intestinal humain s'équilibre après quelques années chez l'enfant puis reste relativement stable au cours du temps chez l'individu adulte sain, en l'absence de perturbations extérieures (infections, antibiothérapies, etc.) (Zoetendal *et al.*, 1998 ; De La Chochetière *et al.*, 2005). Il possède de plus une résilience importante, c'est-à-dire une capacité à revenir à l'équilibre initial après un stress. Le nombre total moyen d'espèces bactériennes est estimé à 400-500 espèces pour chaque individu sain. Chaque être humain héberge un microbiote intestinal qui lui est propre. Cependant, un noyau phylogénétique a pu être décrit qui regroupe 66 espèces bactériennes (phylotypes ou espèces moléculaires) partagées par plus de 50 % de la population (Tap *et al.*, 2009).

Des modifications de la composition bactérienne au sein du microbiote intestinal humain ont été fortement associées avec certaines pathologies. Le concept de la « dysbiose » — un déséquilibre au sein des populations bactériennes du microbiote intestinal — comme facteur déclenchant et/ou aggravant les maladies inflammatoires chroniques de l'intestin (MICI) a été décrit il y a déjà une décennie (Tamboli *et al.*, 2004) et s'étend depuis à un nombre grandissant de pathologies telles que le syndrome de l'intestin irritable (IBS pour *Irritable Bowel Syndrome*), l'allergie, l'obésité, les maladies métaboliques, etc. (Round et Mazmanian, 2009). Cette dysbiose se décrit en termes de composition microbienne, mais aussi de fonctions, de diversité et de structure de l'écosystème.

Les bactéries intestinales évoluent au sein d'une niche écologique particulière, en conditions anaérobies, en contact étroit avec les nombreuses cellules du système immunitaire mais également avec des particules alimentaires ainsi que d'autres micro-organismes tels que les parasites, champignons ou virus. Ces conditions particulières font que la plupart (70 % environ) des bactéries colonisant le tractus digestif humain ne sont pas cultivables à l'heure actuelle en conditions de laboratoire. Cette impossibilité à obtenir ces espèces bactériennes en cultures pures empêche l'étude de leur physiologie et des fonctions qu'elles expriment et ne permet pas de réaliser le séquençage de leur génome. Pour lever ces obstacles, des techniques de biologie moléculaire ont été développées qui, en se basant sur l'ubiquité et les spécificités de la molécule d'ADNr 16S, permettent de décrire la composition bactérienne d'un écosystème en s'affranchissant des étapes de culture (Suau *et al.*, 1999). Toutefois, ces techniques ne permettent pas de déduire les fonctions codées et/ou exprimées par ces bactéries au sein de leur niche écologique.

C'est pourquoi des approches de méta-omique ont récemment été mises au point afin de répondre à des questions cruciales telles que : « quel est le potentiel génétique de la fraction non cultivable du microbiote intestinal humain ? » mais également « que font réellement ces bactéries dans le tractus digestif de l'homme ? ». La métagénomique, c'est-à-dire l'analyse de l'ensemble des génomes des populations bactériennes présentes dans un milieu donné, a ainsi permis de décrire un immense réservoir de fonctions codées par les bactéries du microbiote intestinal.

Métagénome du microbiote intestinal humain

Bien que décrite dès la fin des années 1990 (Rondon *et al.*, 1999 ; Handelsman, 2004), l'application de la métagénomique à la biologie humaine, et plus précisément à l'écosystème intestinal, ne s'est réellement développée qu'à partir de 2005. Il s'agissait alors de construire des banques de clones métagénomiques contenant de grands fragments du métagénome intestinal. Ces fragments métagénomiques (environ 40 kb), contenant approximativement 30 gènes bactériens présents dans l'écosystème de départ, étaient insérés dans un vecteur — fosmides, cosmides ou BAC — lui-même incorporé dans une bactérie (le plus souvent *Escherichia coli*) (Manichanh *et al.*, 2006). Ces banques de clones métagénomiques ont ainsi été criblées pour des fonctions d'intérêt et notamment pour leurs effets sur l'apoptose (Gloux *et al.*, 2007), la stimulation de cibles immunitaires telles que le facteur de transcription NFκB (Lakhdari *et al.*, 2010), ou certaines activités enzymatiques telles que des hydrolases (Tasse *et al.*, 2010) et des β-glucuronidases (Gloux *et al.*, 2011).

L'émergence depuis 2005 de technologies de séquençage massif, telles que le pyro-séquençage (454 Roche), le SOLiD (*Sequencing by Oligonucleotide Ligation and Detection*) ou Illumina/Solexa, a abouti au développement de projets de séquençage à très haut débit, couvrant une large fraction de la diversité microbienne d'un éco-système (Mullard, 2008). Il est alors possible de séquencer le contenu des clones métagénomiques d'intérêt mais également de séquencer directement le contenu en ADN métagénomique d'un environnement sans passer par des étapes de clonage, en s'affranchissant ainsi des biais associés à ces dernières. Ces technologies à haut débit donnent ainsi accès au microbiome : ensemble des bactéries, de leurs éléments génétiques (génomes), et des interactions environnementales dans un environnement défini, et, par extension, ensemble des génomes collectifs présents dans une com-munauté bactérienne définie. Grâce à ces technologies, la première description du microbiome intestinal humain a été obtenue en 2006 à partir du microbiote fécal de deux individus sains d'origine américaine (Gill *et al.*, 2006). Cette étude a mon-tré une richesse particulière du microbiome de ces individus pour les voies métabo-liques associées au métabolisme des glycanes, des acides aminés et xénobiotiques, de la méthanogénèse et de la synthèse des vitamines et terpénoïdes. Quelques années plus tard, le premier catalogue étendu des gènes bactériens présents dans l'éco-système intestinal a été obtenu dans le cadre du projet européen MetaHIT à partir des échantillons fécaux de 124 individus européens (Qin *et al.*, 2010). Il a permis de décrire une diversité importante dans les fonctions codées par ce microbiome et démontré que l'ensemble du métagénome intestinal humain était constitué de 3,3 millions de gènes bactériens (non redondants), chaque individu hébergeant en moyenne 500 000 à 600 000 gènes bactériens. Ce métagénome représente ainsi 150 fois la taille du génome humain et possède donc un nombre considérable d'acti-vités potentiellement capables d'influencer notre physiologie (Qin *et al.*, 2010). Ce catalogue a ainsi permis de décrire des fonctions bactériennes nécessaires à la survie des micro-organismes dans l'environnement intestinal mais également des fonctions nécessaires au bon fonctionnement du corps humain. Bien que la diversité inter individu de la composition du microbiote soit très importante, la métagénomique a démontré l'existence d'un noyau fonctionnel, conservé pour chaque individu de la cohorte analysée (n = 124 Européens). Cela signifie que, bien que nous hébergions chacun un microbiote composé d'espèces bactériennes différentes, la majorité des fonctions portées par le microbiote sont retrouvées chez la plupart des individus. Ce paradoxe apparent s'explique par le fait que des fonctions identiques peuvent être portées par des espèces bactériennes différentes, y compris des espèces très éloignées phylogénétiquement. Par la suite, une étude réalisée à partir de 39 échantillons pro-venant de trois continents (Europe, Amérique, Asie) a démontré que les individus se répartissent en trois groupes distincts, en fonction des bactéries contenues dans leurs intestins. Cette classification, déterminant des « entérotypes », est indépendante de l'origine géographique, de l'état de santé, du sexe, ou de l'âge de ces individus, et est principalement basée sur l'abondance et les interactions entretenues par certains types de bactéries mais aussi par leur potentiel génétique (c'est-à-dire par les fonctions codées par ces bactéries) (Arumugam *et al.*, 2011). Si l'on ignore à ce jour la signification physiologique de l'appartenance d'un individu à l'un ou l'autre entérotype en termes de santé, ces derniers pourraient en partie expliquer pourquoi les effets d'un régime alimentaire ou de certains médicaments diffèrent d'une personne à l'autre.

Qui plus est, de très récents travaux ont mis en avant que le nombre de gènes bactériens contenus dans le microbiote, lui-même lié au nombre d'espèces bactériennes différentes présentes, varie fortement d'un individu à l'autre. Ainsi, environ un quart des individus sont « pauvres » en espèces bactériennes avec un microbiome constitué de moins de 500 000 gènes bactériens tandis que le reste de la population héberge un microbiote plus diversifié comprenant 600 000 gènes en moyenne (Le Chatelier *et al.*, 2013).

Dysfonctions du microbiome intestinal et pathologies

À la suite de ces premières études qui ont permis de décrire le métagénome intestinal d'individus sains, d'autres ont été entreprises récemment afin de comparer ce microbiome avec celui de patients atteints de différentes pathologies. Ainsi, le métagénome de patients atteints de maladies inflammatoires chroniques intestinales, et plus particulièrement de maladie de Crohn, diffère significativement du métagénome intestinal d'individus sains (Qin *et al.*, 2010).

Plus récemment, des signatures bactériennes fortement associées, mais surtout prédictives d'autres pathologies telles que l'obésité ou les maladies métaboliques, ont été décrites *via* ces technologies (Le Chatelier *et al.*, 2013 ; Cotillard *et al.*, 2013). Un consortium de quelques bactéries intestinales suffit ainsi à prédire la réponse à une intervention nutritionnelle ayant pour objectif de réduire l'indice de masse corporelle de patients obèses. Ces résultats impliquent que l'efficacité d'un régime en termes de perte de poids serait liée aux bactéries présentes dans le microbiote intestinal. Par ailleurs, il a été établi que les personnes hébergeant un microbiote pauvre en bactéries intestinales ont un risque plus important que les personnes hébergeant un microbiote riche en bactéries de développer des complications liées à l'obésité telles que le diabète de type 2, les maladies hépatiques et cardiovasculaires, voire certains cancers. La démonstration, à l'aide de modèles animaux, de l'implication du microbiote intestinal dans un nombre grandissant de pathologies, associée à la généralisation des techniques de métagénomique, devrait rapidement aboutir à l'identification de bactéries ou de gènes bactériens nécessaires au maintien de notre santé ou au contraire nous prédisposant au développement de certaines pathologies.

Conclusion

Les technologies de séquençage à haut débit (HTS pour *high-throughput sequencing*), aussi appelées NGS (*Next Generation Sequencing*), apparues à partir de 2005, ont révolutionné l'étude des écosystèmes microbiens et en particulier de l'écosystème intestinal. Elles permettent en effet d'obtenir simultanément des centaines de milliers de séquences en s'affranchissant des étapes de clonage et/ou de constitution de banques génomiques. De plus, l'évolution rapide de ces technologies (accroissement des performances, réduction des coûts) les rend de plus en plus accessibles et l'analyse métagénomique du microbiote intestinal se généralise rapidement au sein des laboratoires. Il est cependant à noter que l'analyse, le traitement et le stockage des données représentent des contraintes nouvelles apparues avec ces technologies. Néanmoins, elles permettent d'accéder à des informations jusqu'ici inaccessibles, ouvrant des perspectives d'applications multiples. On peut ainsi envisager que, dans le futur, l'analyse métagénomique du microbiote intestinal débouche sur une médecine ou une nutrition personnalisée, tenant compte des gènes présents au sein de ce microbiome. De même, ces analyses pourraient ouvrir la voie vers de nouvelles options thérapeutiques de modulation du microbiote intestinal, telles que la transplantation fécale. Appliquée depuis des décennies à des patients atteints d'infections récurrentes à *Clostridium difficile*, ces méthodes thérapeutiques ont montré une certaine efficacité, pour une période d'au moins 6 semaines, en améliorant la sensibilité à l'insuline chez des patients obèses (Vrieze *et al.*, 2012).

Plus généralement, une meilleure connaissance de l'écosystème intestinal reste nécessaire pour pouvoir appréhender le rôle exact du microbiote dans la santé humaine et le développement de pathologies. L'accès à la description et la compréhension des fonctions bactériennes permettra certainement, dans un avenir proche, de moduler avec précision le microbiote en restaurant les fonctions déficientes d'un individu évoluant dans un environnement qui lui est propre. La compréhension des interactions microbes-microbes et microbes-hôte dans leur intégralité à l'échelle de l'organisme constitue une étape majeure vers le développement de la médecine personnalisée.

Références bibliographiques

Arumugam M., Raes J., Pelletier E., Le Paslier D., Yamada T., Mende D.R., *et al.*, 2011. Enterotypes of the human gut microbiome. *Nature*, 473, 174-180.

Bocci V., 1992. The neglected organ: bacterial flora has a crucial immunostimulatory role. *Perspect. Biol. Med.*, 35, 251-260.

Cotillard A., Kennedy S.P., Kong L.C., Prifti E., Pons N., Le Chatelier E., Almeida M., Quinquis B., Levenez F., Galleron N., Gougis S., Rizkalla S., Batto J.M., Renault P., ANR MicroObes consortium, Doré J., Zucker J.D., Clément K., Ehrlich S.D., 2013. Dietary intervention impact on gut microbial gene richness. *Nature*, 500, 585-588.

De La Cochetière M.F., Durand T., Lepage P., Bourreille A., Galmiche J.P., Doré J., 2005. Resilience of the dominant human fecal microbiota upon short-course antibiotic challenge. *J. Clin. Microbiol.*, 43, 5588-5592.

Eckburg P.B., Bik E.M., Bernstein C.N., Purdom E., Dethlefsen L., Sargent M., Gill S.R., Nelson K.E., Relman D.A., 2005. Diversity of the human intestinal microbial flora. *Science*, 308, 1635-1638.

Gill S.R., Pop M., Deboy R.T., Eckburg P.B., Turnbaugh P.J., Samuel B.S., Gordon J.I., Relman D.A., Fraser-Liggett C.M., Nelson K.E., 2006. Metagenomic analysis of the human distal gut microbiome. *Science*, 312, 1355-1359.

Gloux K., Leclerc M., Iliozer H., L'Haridon R., Manichanh C., Corthier G., Nalin R., Blottière H.M., Doré J., 2007. Development of high-throughput phenotyping of metagenomic clones from the human gut microbiome for modulation of eukaryotic cell growth. *Appl. Environ. Microbiol.*, 73, 3734-3737.

Gloux K., Berteau O., El Oumami H., Béguet F., Leclerc M., Doré J., 2011. A metagenomic β-glucuronidase uncovers a core adaptive function of the human intestinal microbiome. *Proc. Natl Acad. Sci. USA*, 108, Suppl 1, 4539-4546.

Handelsman J., 2004. Metagenomics: application of genomics to uncultured microorganisms. *Microbiol. Mol. Biol. Rev.*, 68, 669-685.

Lakhdari O., Cultrone A., Tap J., Gloux K., Bernard F., Ehrlich S.D., Lefèvre F., Doré J., Blottière H.M., 2010. Functional metagenomics: a high throughput screening method to decipher microbiota-driven NF-κB modulation in the human gut. *PLoS ONE*, 5, e13092.

Le Chatelier E., Nielsen T., Qin J., Prifti E., Hildebrand F., Falony G., *et al.*, 2013. Richness of human gut microbiome correlates with metabolic markers. *Nature*, 500, 541-546.

Manichanh C., Rigottier-Gois L., Bonnaud E., Gloux K., Pelletier E., Frangeul L., Nalin R., Jarrin C., Chardon P., Marteau P., Roca J., Dore J., 2006. Reduced diversity of faecal microbiota in Crohn's disease revealed by a metagenomic approach. *Gut*, 55, 205-211.

Mullard A., 2008. Microbiology: the inside story. *Nature*, 453, 578-580.

O'Hara A.M., Shanahan F., 2006. The gut flora as a forgotten organ. *EMBO Rep.*, 7, 688-693.

Qin J., Li R., Raes J., Arumugam M., Burgdorf K.S., Manichanh C., *et al.*, 2010. A human gut microbial gene catalogue established by metagenomic sequencing. *Nature*, 464, 59-65.

Rondon M.R., Raffel S.J., Goodman R.M., Handelsman J., 1999. Toward functional genomics in bacteria: analysis of gene expression in *Escherichia coli* from a bacterial artificial chromosome library of *Bacillus cereus*. *Proc. Natl Acad. Sci. USA*, 96, 6451-6455.

Round J.J., Mazmanian S.K., 2009. The gut microbiota shapes intestinal immune responses during health and disease. *Nat. Rev. Immunol.*, 9, 313-323.

Suau A., Bonnet R., Sutren M., Godon J.J., Gibson G.R., Collins M.D., Doré J., 1999. Direct analysis of genes encoding 16S rRNA from complex communities reveals many novel molecular species within the human gut. *Appl. Environ. Microbiol.*, 65, 4799-4807.

Tamboli C.P., Neut C., Desreumaux P., Colombel J.F., 2004. Dysbiosis as a prerequisite for IBD. *Gut*, 53, 1057.

Tap J., Mondot S., Levenez F., Pelletier E., Caron C., Furet J.P., Ugarte E., Muñoz-Tamayo R., Le Paslier D., Nalin R., Dore J., Leclerc M., 2009. Towards the human intestinal microbiota phylogenetic core. *Environ. Microbiol.*, 11, 2574-2584.

Tasse L., Bercovici J., Pizzut-Serin S., Robe P., Tap J., Klopp C., Cantarel B.L., Coutinho P.M., Henrissat B., Leclerc M., Doré J., Monsan P., Remaud-Simeon M., Potocki-Veronese G., 2010. Functional metagenomics to mine the human gut microbiome for dietary fiber catabolic enzymes. *Genome Res.*, 20, 1605-1612.

Vrieze A., Van Nood E., Holleman F., Salojärvi J., Kootte R.S., Bartelsman J.F., *et al.*, 2012. Transfer of intestinal microbiota from lean donors increases insulin sensitivity in individuals with metabolic syndrome. *Gastroenterology*, 143, 913-916 e7.

Zoetendal E.G., Akkermans A.D., De Vos W.M., 1998. Temperature gradient gel electrophoresis analysis of 16S rRNA from human fecal samples reveals stable and host-specific communities of active bacteria. *Appl. Environ. Microbiol.*, 64, 3854-3859.

5

Communautés microbiennes
des aliments

Pierre Renault, Monique Zagorec, Marie-Christine Champomier-Vergès

Introduction

Les communautés microbiennes des aliments, en regard des microbiotes animaux ou environnementaux (sols, mers...), sont d'une diversité bien moindre. En revanche, ces écosystèmes évoluent plus rapidement dans le temps. Les aliments constituent en effet un substrat riche en nutriments et des conditions environnementales — atmosphère gazeuse, A_w, pH, etc. — permettant aisément la croissance bactérienne. Suivant le type d'aliment, la charge bactérienne initiale de la matrice, comme le lait ou le muscle animal après abattage par exemple, peut être relativement faible (10^2-10^3 bactéries par millilitre ou gramme) mais elle peut atteindre jusqu'à 10^9 bactéries par gramme dans le produit une fois fermenté (fromage ou saucisson). Les différentes espèces microbiennes présentes sur les aliments peuvent être responsables de toxi-infections alimentaires, d'altération de la couleur de la texture ou de la saveur de l'aliment, ou bien au contraire contribuer à lutter contre les flores indésirables, pathogènes ou altérantes et assurer la bonne qualité du produit. C'est en particulier le cas dans les aliments fermentés dans lesquels le développement de quelques espèces bactériennes est bien connu pour assurer une couleur ou une saveur typique.

L'étude des écosystèmes des aliments vise donc principalement à détecter les espèces se développant dans ces aliments tout au long des étapes de transformation ou de stockage, suivre leur évolution et comprendre les fonctions qu'elles expriment.

Un dogme concernant les communautés microbiennes des aliments consiste à postuler qu'elles sont connues, cultivables en conditions de laboratoire et identifiables jusqu'au niveau de l'espèce. Cependant, l'utilisation du séquençage à haut débit a révélé la présence d'espèces (archées par exemple) qui n'avaient jamais été recherchées auparavant, ébranlant ce dogme, au moins pour des populations sous-dominantes. À ce jour, seules quelques études métagénomiques globales ou métatranscriptomiques ont été publiées concernant les aliments. Ce développement est récent, mais en plein essor, puisque les premières publications datent de 2012 et ont augmenté en 2013. Plus nombreux sont les travaux utilisant les techniques de séquençage à haut débit ciblant les régions variables de l'ADN ribosomique (ADNr) 16S à des fins de description des communautés bactériennes.

Les techniques à haut débit ciblées pour approfondir la connaissance des communautés microbiennes des aliments

Depuis des décennies, les écosystèmes alimentaires qui sont *a priori* relativement simples sont étudiés par le biais de méthodes culturales. Les méthodes d'identification moléculaire, qui se sont développées plus récemment, font souvent elles aussi appel à une étape préalable de culture. La majorité des recherches sur ces écosystèmes s'est focalisée sur les produits fermentés, d'une grande importance technologique et économique, dans le but de garantir et améliorer la qualité de ces produits en visant certaines espèces d'intérêt. C'est peut-être en raison d'une relativement bonne connaissance de ces écosystèmes que les approches métagénomiques ont tardé à être mises en œuvre dans le domaine des aliments. Cependant, depuis quelques années, les chercheurs ont abordé la description des écosystèmes alimentaires par des méthodes de séquençage à haut débit, en ciblant l'ADN bactérien, avec principalement l'utilisation du pyroséquençage sur l'ADNr 16S. Ces études ont montré que les approches classiques de la composition microbienne des écosystèmes des aliments étaient biaisées, voire erronées. En effet, la diversité bactérienne apparaît bien plus importante que ce qui était connu, comme par exemple dans les vins botrytisés dont l'écosystème avait été bien étudié (Bokulich *et al.*, 2012), ainsi que dans les fromages où des genres bactériens connus mais jusque-là décrits dans d'autres écosystèmes ont été retrouvés (Quigley *et al.*, 2012). La raison est en partie conséquente au fait que la plupart des méthodes d'études dites classiques utilisaient une phase de culture ou d'enrichissement biaisant les estimations de diversité et d'abondance des espèces, en comparaison de méthodes appliquées sur de l'ADN extrait directement à partir de l'aliment (Lusk *et al.*, 2012).

Les premières études par séquençage à haut débit (pyroséquençage sur l'ADNr 16S) ont été consacrées aux produits fermentés et à leur flore bactérienne (Humblot et Guyot, 2009) et sont maintenant en plein essor (van Hijum *et al.*, 2013 ; Ercolini, 2013). Des travaux ont également ciblé des communautés autres que celles des bactéries, comme les archées (Roh *et al.*, 2010), les virus (Park *et al.*, 2011) ou même les levures (Illeghems *et al.*, 2012). D'autre part, la détection de la présence de gènes, par hybridation sur puces couvrant ~ 57 000 gènes (Système GeoChip, He *et al.*, 2010), a été utilisée pour décrire la communauté bactérienne des feuilles d'épinard (Lopez-Velasco *et al.*, 2011) et examiner l'interaction potentielle de cette flore indigène sur la contamination par *Escherichia coli* O157:H7 (Carter *et al.*, 2012), une bactérie pathogène responsable de toxi-infections alimentaires sévères.

Les produits fermentés, une grande diversité de denrées et de communautés microbiennes

Les produits fermentés traditionnels de différents pays ont donné lieu depuis 2012 à un grand nombre d'études de leur diversité microbienne par les approches de pyroséquençage de l'ADNr 16S. De manière remarquable, de nombreux produits asiatiques ont été analysés : sushi japonais (Kiyohara *et al.*, 2012 ; Koyanagi *et al.*, 2013), riz fermenté japonais (Sakamoto *et al.*, 2011), liqueur chinoise (Li *et al.*, 2011) et tout spécialement les spécialités alimentaires traditionnelles coréennes : kimchi (Park *et al.*, 2012), kochujang (Nam *et al.*, 2012b), pâte de soja (Nam *et al.*, 2012a ; Kim *et al.*, 2011), liqueur makgeolli (Jung *et al.*, 2012). Ces études ont permis de suivre la dynamique parallèle des levures ou bactéries lactiques dans des fermentations artisanales de boissons alcoolisées issues de la fermentation de végétaux (riz, orge ou pois) dans des boissons traditionnelles coréenne (Jung *et al.*, 2012) ou chinoise (Li *et al.*, 2011), ou encore dans le kéfir de lait (Nalbantoglu *et al.*, 2014). Elles apparaissent comme des outils d'exploration et de suivi de procédés, qu'ils soient artisanaux ou industriels.

De nombreux produits fermentés, à base de produits de la mer, sont élaborés en Corée sous l'appellation « jeotgal ». Ils représentent une part importante de l'alimentation coréenne et une typicité culturelle. Roh *et al.* (2010) ont analysé, par pyroséquençage de l'ADNr 16S, la communauté bactérienne ainsi que celle des archées dans sept de ces produits parmi les plus vendus en Corée. Ainsi, les archées, dont la présence était bien connue dans l'environnement — marin notamment — mais n'avait pas été étudiée dans l'alimentation humaine, ont été détectées dans le « jeotgal ». Les *Halobacteriaceae* constituent une large majorité de ces archées tandis que l'abondance d'autres genres varie suivant les produits, possiblement en fonction des ingrédients et de leur taux de sel. De plus, des archées non classées ou définies comme non encore cultivées, ont également été détectées, ouvrant un nouveau champ de connaissances sur ces produits alimentaires.

Bien que les virus représentent les formes de vie les plus abondantes sur Terre et que certains sont connus pour leur pathogénicité lors de toxi-infections alimentaires, peu d'études rapportent leur recherche dans nos aliments. La présence de séquences virales a été recherchée par métagénomique dans trois produits coréens fermentés : les crevettes fermentées, le kimchi et la choucroute (Park *et al.*, 2011). Cette étude a été réalisée sur des filtrats ultra-centrifugés permettant de récolter les particules virales. La méthode de séquençage utilisée ne permettait de détecter que les virus à ADN double brin, les virus à ARN ou à ADN simple brin échappant au procédé. Cependant, la plupart des séquences obtenues étaient similaires à des séquences phagiques et appartenaient à l'ordre des *Caudovirales* avec principalement des *Myoviridae, Podoviridae* et *Siphoviridae*. Leur abondance était différente dans les trois aliments étudiés. Les bactéries cibles de ces phages étant parfois connues, les auteurs ont tenté de relier la présence de ces ADN phagiques avec les bactéries présentes dans ces trois aliments (caractérisées par pyroséquençage de l'ADNr 16S). Seule une corrélation partielle a été établie. Ainsi, il n'a pas été possible ici d'établir si la prédation par les phages pouvait être responsable de la régulation de l'abondance et de la diversité de la communauté bactérienne de ces aliments, alors que ce phénomène a été rapporté pour d'autres environnements tels que ceux trouvés dans les stations d'épuration (Shapiro *et al.*, 2010).

Ces derniers exemples montrent que, parallèlement au développement et à l'activité des bactéries fermentaires qui transforment les matières premières, une autre communauté microbienne a elle aussi une dynamique dans ces produits.

En occident : la chaîne alimentaire, la viande, le pain, le vin, le fromage

Les aliments, d'origine animale ou végétale, sont inévitablement contaminés lors des différentes étapes de transformation. L'origine des contaminations et leur propagation lors des procédés de fabrication/transformation/stockage des aliments sont d'une grande importance en termes de qualité sanitaire et technologique.

Les produits carnés sont contaminés lors du dépeçage et de l'éviscération après abattage et lors des étapes de découpage, hachage, etc. Les produits laitiers héritent d'une contamination initiale du lait, puis de contaminations croisées provenant des ingrédients et des étapes de production. Une description des écosystèmes bactériens tout au long de la chaîne de production, depuis l'abattage jusqu'à la découpe de la viande a été réalisée (De Filippis *et al.*, 2013), ainsi que lors de l'altération de produits carnés ou issus de la mer (Benson *et al.*, 2014 ; Chaillou *et al.*, 2014). Enfin, les communautés microbiennes de l'environnement des usines de fabrication des fromages ainsi que la dynamique des communautés au long du procédé de transformation ont aussi été étudiées (Bokulich et Mills, 2013).

Comme mentionné plus haut, le lait est contaminé dès la traite ; en conséquence, la présence de bactéries pathogènes pour l'homme dans le lait est règlementée. Certaines mammites des vaches sont causées par des espèces qui peuvent être pathogènes aussi bien pour les animaux que pour l'homme. Le lait issu de vaches saines ou atteintes de mammites a été étudié par pyroséquençage de l'ADNr 16S et par métagénomique, confirmant la présence de certaines espèces pathogènes dans le lait de vaches présentant des mammites (Bhatt *et al.*, 2012 ; Oikonomou *et al.*, 2012).

Le cas du lait humain est un peu particulier. Durant la dernière décennie, plusieurs études, parfois controversées, ont rapporté la présence de bactéries dans le lait humain, soit par des méthodes culturales ou des amplifications d'ADN. Une étude récente (Hunt *et al.*, 2011), s'appuyant sur la technologie du pyroséquençage de l'ADNr 16S, a révélé non seulement une diversité microbienne insoupçonnée du lait humain, mais également la stabilité dans le temps de ces populations pour une femme donnée, soulevant la question du rôle de ces communautés dans l'alimentation du nouveau-né et de sa colonisation gastro-intestinale.

Parmi les fermentations végétales, la panification occupe une place particulière et concerne de nombreux produits. Les levains de panification, fabriqués à partir de farine et d'eau, sont spontanément fermentés, principalement par des bactéries lactiques et des levures. Les levains sont régulièrement « rafraîchis » et la communauté microbienne qui s'y développe provient essentiellement des farines. Elle est sélectionnée lors de la fermentation et propagée de rafraîchi en rafraîchi, sauf en cas d'ajout de ferments. Ercolini *et al.* (2013) ont examiné l'évolution des communautés bactériennes de levains de farine de seigle ou de blé par pyroséquençage durant la préparation des levains. La sélectivité du processus sur certains groupes bactériens a été confirmée, avec des dynamiques différentes suivant les groupes. Cette approche a permis de détecter également des bactéries sous dominantes, non accessibles par les méthodes culturales classiques. L'identification au niveau de l'espèce n'a toutefois pas été atteinte, la caractérisation se bornant à une identification au niveau du genre ou parfois de groupes d'espèces. Dans une autre étude (Weckx *et al.*, 2010), une puce à oligonucléotides ciblant une sélection de 406 gènes marqueurs a été utilisée pour hybrider l'ARN extrait de levains de panification à différentes étapes. Cette méthode a confirmé la nature des composants de la communauté bactérienne des levains et a permis d'aborder leur dynamique au cours de la propagation du levain en montrant la sélectivité qui s'opère lors de la fermentation. Cette approche a également été utilisée pour étudier les fonctions bactériennes exprimées dans les levains de panification mais était limitée aux gènes ciblés sur la puce (Weckx *et al.*, 2011).

Les études basées sur les séquences des ADNr ont permis d'élargir notre vision des communautés microbiennes de différents écosystèmes alimentaires. Ce type d'approche ne donne cependant pas d'informations directes sur les gènes/fonctions. Les quelques approches basées sur les puces ont visé à donner une vue plus fonctionnelle des écosystèmes. Elles sont cependant restreintes aux gènes représentés sur la puce, avec les limitations de spécificité et de sensibilité liées à cette technique.

Exemples d'études métagénomiques sur des aliments

Pour pallier aux limitations des techniques précédentes et permettre d'avoir une vision plus fonctionnelle des écosystèmes, des techniques à plus haut débit ont été mises en œuvre, associées à un développement d'outils bio-informatiques appropriés.

Des produits fermentés traditionnels, là aussi asiatiques, ont été les premiers à bénéficier de ces approches. Le « puer tea » est un thé préparé par fermentation, spécifiquement dans la province du Yunnan en Chine. Des propriétés bénéfiques sur la santé humaine sont en général attribuées au thé. Le « puer tea » a aussi des qualités organoleptiques particulières. À ce titre, les espèces présentes et les gènes codant des fonctions métaboliques susceptibles de produire des molécules en lien avec l'effet bénéfique et les qualités organoleptiques du « puer tea » ont été recherchés. Des études antérieures, basées sur des méthodes culturales ou focalisées sur les gènes ribosomiques, avaient donné des résultats contradictoires sur les espèces présentes. L'étude de Lyu *et al.* (2013) (séquençage par pyroséquençage 454 GS FLX titanium) a montré qu'au 25ᵉ jour de fermentation, lorsque la flore bactérienne est la plus élevée, plus de 75 % des lectures provenaient de bactéries (essentiellement des actinobactéries, protéobactéries et firmicutes), suivies de séquences eucaryotiques (16,35 % appartenant à des saccharomycetes avec les genres *Saccharomyces*, *Yarrowia* et *Aspergillus* principalement). Les séquences virales représentaient 0,17 % des lectures, celles des archées 0,05 %, tandis que 7,16 % des séquences ne pouvaient être classées. Cette étude révèle ainsi une plus grande diversité des bactéries présentes que celle décrite dans les études antérieures. Des fonctions ont été recherchées à partir des gènes détectés, et certaines fonctions liées à la résistance aux conditions de stress rencontrées lors de ce mode de fermentation (stress oxydant et osmotique) ont été trouvées. Bien que peu représentés, des gènes de résistance aux antibiotiques et à des composés toxiques ont aussi été trouvés. De même, la présence de virus à ADN double brin a été mise en évidence. Enfin, cette approche s'est révélée plus puissante que les analyses précédentes des lectures des gènes ribosomiques, qui ne mettaient en évidence que les flores majoritaires.

En Chine, l'alcool de riz de Shaoxing est une spécialité issue d'un processus de fermentation complexe, avec un savoir-faire millénaire impliquant l'utilisation de blé qui intervient dans la qualité sensorielle du produit et permet la croissance de bactéries, de levures et de moisissures. La communauté microbienne qui se développe lors de cette fermentation est mal connue, vraisemblablement en raison de la difficulté à cultiver ces espèces dans des conditions de laboratoire. Une étude métagénomique a été réalisée à deux temps différents (5 et 30 jours de fermentation) afin de mieux connaître la flore présente (notamment celle qui n'avait pu être cultivée) et les fonctions potentielles de cette flore pour mieux contrôler la qualité du produit. Elle a été réalisée par un séquençage Illumina suivi d'un assemblage pour produire les séquences de plus de 23 000 gènes (Xie *et al.*, 2013). Dans cette étude, ~8,5 % des lectures seulement correspondaient au blé. La flore bactérienne connue mise en évidence au 5ᵉ jour de fermentation était composée à 87 % d'actinobactéries contre seulement 6,2 % de firmicutes et 5,7 % de protéobactéries. Cette communauté évolue lors de la fermentation puisqu'au 30ᵉ jour les actinobactéries ne représentaient plus que 40,7 %, au bénéfice surtout des firmicutes (32,5 %) et dans une moindre mesure des protéobactéries (17,7 %). À chacun des deux temps de fermentation, environ 50 % des séquences ont pu être identifiées, *i.e.* classées dans des catégories fonctionnelles, mais 1/5ᵉ seulement d'entre elles ont pu être associées à une voie métabolique connue. Parmi ces voies, le transport et le métabolisme des acides aminés et des nucléotides, la biosynthèse, le transport et le catabolisme des métabolites secondaires, et enfin les mécanismes de défense, étaient les plus importants. Les chemins métaboliques mis en œuvre par les communautés bactériennes aux deux temps de fermentation analysés se sont révélés partiellement différents, reflétant ainsi la dynamique des communautés microbiennes. Cependant, de nombreuses bactéries identifiées dans cette étude correspondent à des bactéries du sol au métabolisme peu connu, ce qui n'a pas permis d'élucider totalement le processus de fabrication de ce vin.

Le kimchi est une spécialité coréenne obtenue par fermentation de végétaux (généralement choux chinois, radis) auxquels sont ajoutés divers condiments (sel, poivre, ail, oignon et « jeotgal » décrit plus haut). Ce produit emblématique de la culture culinaire coréenne a été étudié en détail par différentes approches dont la métagénomique (Jung *et al.*, 2011) et la métatranscriptomique (Jung *et al.*, 2013). Les communautés bactériennes ont été suivies durant les 30 jours de fermentation (réalisée à 4 °C) à 10 temps de prélèvement par pyroséquençage 454 GS FLX Titanium (Jung *et al.*, 2011). Trois genres bactériens — *Leuconostoc*, *Lactobacillus* et *Weissella* — appartenant aux bactéries lactiques étaient majoritaires, mais chacun selon une dynamique différente au cours du procédé. Les *Leuconostoc*, majoritaires dès le début étaient ensuite rejoints par les deux autres genres au cours du temps et à eux trois, ils représentaient 80 % des lectures à J23, le reste des séquences appartenant à des groupes non classés. Puis jusqu'à la fin de la fermentation, la domination des *Leuconostoc* augmentait au détriment des deux autres genres. Une petite moitié des séquences (45,09 % sur l'ensemble des données issues des 10 temps de prélèvement) a pu être classée en catégories fonctionnelles. Cependant, dans les premiers jours de fermentation, seules 3-7 % des séquences ont pu être assignées à des catégories fonctionnelles (vraisemblablement en raison de la présence d'une communauté de bactéries diverses et mal connues). Dans les jours suivants, en raison de l'enrichissement en bactéries lactiques bien caractérisées, le taux d'assignation des séquences atteignait ~50 %. Le métabolisme des hydrates de carbone — en particulier des mono-, di- et polysaccharides — ainsi que la fermentation lactique représentaient une caractéristique de la communauté bactérienne lors de la fermentation du kimchi. Par homologie avec des séquences génomiques d'espèces bactériennes disponibles au moment de l'étude, les auteurs ont pu identifier *Leuconostoc mesenteroides* et *Lactobacillus sakei* comme étant les génomes les plus représentés parmi les lectures. Aucune séquence d'archée n'a été détectée. En revanche, le nombre de lectures pouvant être attribuées à des phages (de *Leuconostoc* en particulier) était relativement élevé et présentait une cinétique inattendue : non détectée initialement, l'abondance des séquences phagiques progressait lentement jusqu'à J23 (0,5-1 %) pour atteindre jusqu'à 7 % les trois derniers jours de fermentation, alors que la population bactérienne se réduisait. Ceci suggère des attaques phagiques en fin de fermentation, gouvernant la population bactérienne comme rapporté dans des écosystèmes environnementaux (Shapiro *et al.*, 2010). Sur six de ces échantillons, ces mêmes auteurs ont également analysé la communauté des ARN transcrits (Jung *et al.*, 2013). Jusqu'à 97,7 % des séquences métagénomiques obtenues précédemment ayant pu être alignées sur les génomes de *L. mesenteroides*, *L. sakei*, *Weissella koreensis*, *Leuconostoc gasicomitatum*, *Leuconostoc gelidum* et *Leuconostoc carnosum*, l'étude métatranscriptomique s'est focalisée sur ces espèces majoritaires. Afin d'examiner la dynamique d'expression des gènes des différentes espèces au cours de la fermentation, les séquences d'ADNc (copies rétrotranscrites des ARNm) ont été alignées sur les génomes des six espèces mentionnées ci-dessus. En début de fermentation, la majorité des ARNm étaient issus de *L. mesenteroides*, puis ceux de *L. sakei* et *W. koreensis* augmentaient, et en fin de procédé, les séquences provenant de *L. sakei* chutaient de manière importante, corroborant la dynamique des populations observée par métagénomique. Les métabolismes carbonés et fermentaires représentaient l'essentiel des fonctions exprimées, les six espèces bactériennes majoritaires présentant chacune des cinétiques différentes d'expression au cours du temps. Les gènes codant pour différents systèmes de transport des sucres (PTS, ABC transporteurs, perméases) étaient globalement exprimés de manière constante mais des différences subtiles de cinétiques au cours de la fermentation étaient visibles suivant les espèces, reflétant les besoins en hydrates de carbone des espèces en présence. Les voies cataboliques de fermentation des sucres empruntées par les différents membres de la communauté bactérienne ont ainsi pu être identifiées. De même, chaque espèce présentait un profil caractéristique pour l'expression de gènes de résistance au stress acide qui est rencontré lors de la fermentation en raison de la production d'acide lactique. Cette étude a permis d'éclaircir la complexité des fonctions aboutissant à la fermentation du kimchi et de donner des pistes pour comprendre les rôles respectifs des différentes espèces de bactéries lactiques participant à ce processus. Enfin, l'éventualité de la régulation des populations bactériennes par des attaques phagiques, suggérée par la métagénomique, a pu être confirmée par métatranscriptomique.

Le chocolat est un produit largement consommé mais les processus initiaux de son élaboration à partir des fèves sont très peu explorés. Les graines de cacao subissent une fermentation spontanée, réalisée par la flore indigène, avant de pouvoir être utilisées pour la fabrication du chocolat. Les communautés microbiennes gouvernant cette étape de fermentation avaient été décrites comme peu complexes et caractérisées par des méthodes culturales et moléculaires : quelques espèces de levures, bactéries lactiques et bactéries acétiques. Une approche métagénomique (séquençage par pyroséquençage 454 GS FLX titanium) a été entreprise dans le but d'examiner si cette communauté était aussi peu complexe que précédemment décrit (Illeghems *et al.*, 2012). Pour ce faire, un même échantillon a été séquencé avec deux profondeurs différentes dans le but de chercher si des espèces sous dominantes avaient pu échapper aux études antérieures. Plusieurs bases de données et logiciels d'identification taxonomique des séquences ont été testés, qui globalement ne donnaient que peu de différences dans l'interprétation des résultats. Comme observé par Lyu *et al.* (2013), l'analyse de tous les gènes (toutes les lectures) était plus informative que celle des seuls gènes d'ADNr 16S pour décrire la communauté bactérienne en présence. En effet, la courbe de raréfaction n'atteignait pas la saturation avec les gènes 16S alors que la saturation était atteinte en prenant en compte toutes les lectures. Cela signifie que l'approche métagénomique, dans les conditions expérimentales utilisées, permettait de caractériser la communauté microbienne présente de manière bien plus approfondie et de détecter des flores sous dominantes ou minoritaires. Ainsi, 17 espèces différentes de levures ont été détectées, élargissant la description de cette communauté présente lors de la fermentation des graines de cacao. Concernant la communauté bactérienne, les espèces majoritaires déjà décrites ont bien été retrouvées, tandis que la population sous-dominante s'avérait différente selon les différents outils de phylogénie utilisés. Enfin, la présence de séquences virales appartenant aux familles des *Myoviridae* et *Siphoviridae* (0,25 % des lectures), potentiellement attribuées à des phages de lactobacilles, et plus minoritairement d'*Enterobacter* et de *Klebsiella*, a pu être corrélée avec les espèces bactériennes de cette communauté, tout comme l'avaient observé Park *et al.* (2011) sur d'autres produits fermentés.

Les communautés microbiennes de viandes de volailles finlandaises ont été étudiées par Nieminen *et al.* (2012). En Finlande, les découpes de volailles sont souvent vendues sous forme de marinades contenant des sucres pouvant favoriser la croissance de bactéries indésirables, notamment des leuconostocs, et conduisant à l'altération prématurée des préparations. Des produits marinés et non marinés ont été comparés par métagénomique et par séquençage des amplifiats d'ADNr 16S (séquençage par pyroséquençage 454 GS FLX titanium dans les deux cas). Les données de métagénomique ont montré que, une fois les séquences provenant de poulet retirées, seulement la moitié des séquences restantes pouvaient être assignées à un taxon bactérien (140 069/234 619 dans les produits marinés et

74 457/137 118 dans les produits non marinés), parmi lesquels principalement des protéobactéries et des firmicutes et une très faible proportion (0,05 %) d'actinobactéries, fusobactéries et *Bacteroides*. Aucune séquence d'archée n'a été mise en évidence et seules 1 % des lectures des produits marinés provenaient de levures (*Saccharomycetales*). Les fonctions n'ont pu être mises en évidence que sur environ la moitié des lectures provenant de bactéries et le métabolisme des hydrates de carbone était prépondérant. Les produits marinés présentaient plus de gènes impliqués dans le métabolisme des di- et oligo-saccharides et dans l'utilisation des beta-glucosides, du xylose, du L-arabinose, des fructo-oligosaccharides et du saccharose que les produits non marinés. L'analyse des lectures des amplicons d'ADNr a montré que les produits marinés et non marinés hébergeaient environ 300 unités taxonomiques. Leur analyse a montré un net enrichissement en *Lactobacillaceae* et en *Leuconostocaceae* et dans une moindre mesure en *Streptococcaceae* dans les produits marinés. Les produits non marinés quant à eux montraient une abondance relativement plus importante d'*Enterobacteriaceae* et surtout de *Vibrionaceae*. Ces données ont donc confirmé les hypothèses des auteurs, *i.e.* l'enrichissement en leuconostocs dans les produits marinés. Cependant, le lien avec l'altération causée par les leuconostocs (en particulier par *L. gasicomitatum*) n'a pas pu être montré dans cette étude car les produits utilisés, bien qu'en fin de période de stockage, n'étaient pas altérés. De plus, les ADN issus de lots différents avaient été mélangés pour l'étape de séquençage et une étude lot par lot aurait été nécessaire pour examiner clairement l'effet altérant d'une ou de quelques espèces.

Récemment, une étude a été menée pour développer la connaissance des communautés microbiennes des fromages à l'aide de séquençage à très haut débit (10 à 20 millions de lectures par échantillon) avec des séquences courtes (de 35 à 50 pb, Almeida *et al.*, 2014). L'intérêt d'une méthode avec un tel nombre de lectures est qu'il est ainsi possible de mettre en évidence la présence de très nombreux gènes grâce à un échantillonnage important de séquences. En revanche, la taille de ces lectures nécessite l'utilisation d'une base de données appropriée, afin d'attribuer chacune de ces lectures à un gène et à un génome particulier. Dans un premier temps, un certain nombre de fromages traditionnels ont été analysés, confirmant que les bases de données publiques existantes ne contenaient pas de nombreux génomes de micro-organismes présents dans ces fromages. Les auteurs ont donc séquencé les génomes de plus de 100 bactéries non lactiques isolées de fromages afin de compléter les bases de données. La base de données ainsi complétée, certains fromages pour lesquels la majorité des lectures n'étaient pas attribuées ont pu être analysés. Cependant, malgré le nombre important de génomes ajoutés aux bases de données, environ 20 % des lectures sont restées non caractérisées, correspondant à des génomes de micro-organismes ou de phages non séquencés, montrant l'importance de compléter les bases de données pour utiliser au mieux ce type de technologie.

Au-delà de cette limite, il a été montré que dans des fromages traditionnels sans ajout de ferments, la flore de surface pouvait être dominée par des bactéries Gram négatives appartenant aux genres *Pseudoalteromonas, Halomonas, Vibrio, Marinilactibacillus* et *Psychrobacter.* Cette méthode permet également de détecter l'ADN d'autres types d'organismes comme les champignons (par exemple *Penicillium camembertii* et *P. roquefortii*) et les levures (par exemple *Geotrichum candidum* et *Debaryomyces hansenii*). De manière surprenante, un des fromages contenait un nombre de lectures importantes (11 %) correspondant aux génomes de la vache. Pour les bactéries dominantes, il est même possible d'analyser de façon précise la composition en gènes et même les variations nucléotidiques de séquences. Ainsi, dans un fromage à croûte lavée, les génomes de bactéries utilisées comme référence — *Arthrobacter arilaitensis* GMPA29 et *Psychrobacter immobilis* PG1 — sont entièrement couverts par les lectures indiquant que les souches présentes dans ce fromage ont une composition en gènes proche de ces références. De plus, l'analyse des variations nucléotidiques sur ces références révèle un nombre très limité de variations (moins de 0,5 %), confirmant la très grande proximité des souches de ce fromage avec des génomes de références. Dans le cas de *Psychrobacter immobilis* PG1, cette très forte similitude peut être due au fait que la référence a été isolée d'un fromage de la même fromagerie deux ans auparavant. Les souches actuellement présentes en seraient donc les descendantes ou apparentés, suggérant que cette bactérie fait partie durablement de l'écosystème de cette fromagerie et participe sans doute à la typicité de ce fromage. L'analyse d'un second fromage à croûte lavée a révélé de la même façon la très grande similitude d'une bactérie non ensemencée avec la référence *Halomonas* sp. 1M45. Dans ce cas, la référence a été isolée d'un fromage issu d'une autre fromagerie de la même région produisant un fromage de la même appellation contrôlée. Cette donnée suggère de la même manière que cette bactérie puisse participer à la typicité de ce produit d'appellation contrôlée. Inversement, il a pu être mis en évidence que les génomes de certaines références contenaient majoritairement des variations nucléotidiques, indiquant l'éloignement des souches présentes dans le fromage par rapport à la référence.

Conclusion et perspectives

Les nouvelles connaissances générées par la métagénomique devraient amener à proposer de nouveaux outils pour garantir la qualité microbiologique des aliments. En effet, au fur et à mesure que notre connaissance augmente, il est possible de proposer de nouvelles méthodes issues de cette connaissance. Dans la filière des produits laitiers (frais, pasteurisés, transformés), la recherche de marqueurs pour caractériser ou garantir la qualité ou la DLC (date limite de consommation) est en effet toujours d'actualité. De nombreux outils sont disponibles qui font office de marqueurs biologiques, mais la métagénomique peut conduire à de nouveaux développements. La qualité sanitaire des aliments a longtemps été estimée grâce à des méthodes culturales et mesurée en termes d'UFC (unité formant colonie) par gramme ou par millilitre pour des espèces, genres ou familles bactériennes servant de marqueurs. Pour exemple, le critère retenu par la FDA pour le lait pasteurisé est qu'il ne doit pas dépassser un seuil de 10^5 UFC/ml de bactéries aérobies (FDA, 2012). Cependant, les connaissances actuelles, notamment en ce qui concerne les gènes de toxine portés par certains pathogènes, ou de résistance aux antibiotiques, ont amené à proposer d'utiliser des méthodes basées sur l'ADN pour détecter la présence de tels gènes, qui ne sont pas facilement accessibles par méthodes culturales

(Yeung, 2012). Comme le mentionne Yeung (2012), bien que la métagénomique ne puisse résoudre tous les problèmes, elle devrait apporter de nouvelles opportunités. Néanmoins, Chassy (2010) met en garde contre une surenchère injustifiée que pourraient apporter les « -omiques » en termes de critères de sécurité microbiologique.

Enfin, même si la métagénomique nous apparaît à ce jour comme la méthode la plus exhaustive pour déterminer les communautés microbiennes et les gènes présents dans un écosystème donné, nous ne devons pas oublier que cette approche présente elle-même des biais. Morgan *et al.* (2010) ont montré que les métagénomes obtenus sur des écosystèmes simples reconstitués (mélanges de plusieurs espèces en quantité connues) variaient suivant les conditions expérimentales (cultures fraîches ou congelées, divers protocoles d'extraction d'ADN). Quant à l'application de la modélisation de données métagénomiques à l'industrie agroalimentaire, il ne s'agit pour l'instant que d'un vœu pieux (Branco dos Santos *et al.*, 2012).

Cependant, la production de métabolites lors des procédés de fermentation a fait l'objet de nombreuses recherches et il a été possible d'associer la présence de certaines espèces ou certains genres bactériens à la production de certaines molécules (Lee *et al.*, 2014, pour exemple). L'étape suivante devrait logiquement être d'associer les gènes et leurs transcrits à ces métabolites.

L'usage de la métatranscriptomique dans des matrices alimentaires devrait également se développer (Valdés *et al.*, 2013). Un exemple dans l'huile de cacahuète a été rapporté mais il s'agissait d'étudier par RNA-seq la réponse d'une souche pure de *Salmonella* inoculée dans de l'huile de cacahuète et non d'un écosystème complexe (Deng *et al.*, 2012). Un autre exemple concerne la seconde fermentation lors de la vinification. Là aussi une souche pure de levure a été inoculée dans du vin et la méthode utilisée était basée sur l'usage de puces Affymétrix (Penacho *et al.*, 2012). L'utilisation de la métatranscriptomique, non pas pour comprendre les fonctions exprimées par la communauté bactérienne au sein d'un écosystème mais pour détecter l'existence d'un signal, comme par exemple un contaminant chimique, a été évoquée (Lancova *et al.*, 2011).

Références bibliographiques

Almeida M., Hébert A., Abraham A.-L., Rasmussen S., Monnet C., Pons N., Delbès C., Loux V., Batto J.-M., Leonard P., Kennedy S., Ehrlich S.D., Pop M., Montel M.-C., Irlinger F., Renault P., 2014. Construction of a dairy microbial genome catalog opens new perspectives for the metagenomic analysis of dairy fermented products. *BMC Génomics*, 15 (1), 1101.

Benson A.K., David J.R.D., Evans Gilbreth S., Smith G., Nietfeldt J., Legge R., Kim J., Sinha R., Duncan C.E., Ma J., Singh I., 2014. Microbial successions are associated with changes in chemical profiles of a model refrigerated fresh pork sausage during an 80-day shelf life study. *Appl. Environ. Microbiol.*, 80, 5178-5194.

Bhatt V.D., Ahir V.B., Koringa P.G., Jakhesara S.J., Rank D.N., Nautiyal D.S., Kunjadia A.P., Joshi C.G., 2012. Milk microbiome signatures of subclinical mastitis-affected cattle analysed by shotgun sequencing. *J. Appl. Microbiol.*, 112, 639-650.

Bokulich N.A., Joseph C.M., Allen G., Benson A.K., Mills D.A., 2012. Next-generation sequencing reveals significant bacterial diversity of botrytized wine. *PLoS ONE*, 7, e36357.

Bokulich N.A., Mills D.A., 2013. Facility-specific "house" microbiome drives microbial landscapes of artisan cheesemaking plants. *Appl. Environ. Microbiol.*, 79, 5214-5223.

Branco dos Santos F., de Vos W.M., Teusink B., 2013. Towards metagenome-scale models for industrial applications--the case of lactic acid bacteria. *Curr. Opin. Biotechnol.*, 24, 200-206.

Carter M.Q., Xue K., Brandl M.T., Liu F., Wu L., Louie J.W., Mandrell R.E., Zhou J., 2012. Functional metagenomics of *Escherichia coli* O157:H7 interactions with spinach indigenous microorganisms during biofilm formation. *PLoS ONE*, 7, e44186.

Chaillou S., Chaulot-Talmon A., Caekebeke H., Cardinal M., Christieans S., Denis C., *et al.*, 2014. Origin and ecological selection of core and food-specific bacterial communities associated with meat and seafood spoilage. *ISME J.*, 10.1038/ismej.2014.202.

Chassy B.M., 2010. Can —omics inform a food safety assessment? *Regul. Toxicol. Pharmacol.*, 58, S62-70.

De Filippis F., La Storia A., Villani F., Ercolini D., 2013. Exploring the sources of bacterial spoilers in beefsteaks by culture-independent high-throughput sequencing. *PLoS ONE*, 8, e70222.

Deng X., Li W., Zhang W., 2012. Transcriptome sequencing of *Salmonella enterica* serovar Enteritidis under dessication and starvation stress in peanut oil. *Food Microbiol.*, 30, 311-315.

Ercolini D., 2013. High-throughput sequencing and metagenomics: moving forward in the culture-independent analysis of food microbial ecology. *Appl. Environ. Microbiol.*, 79, 3148-3155.

Ercolini D., Pontonio E., De Filippis F., Minervini F., La Storia A., Gobbetti M., Di Cagno R., 2013. Microbial ecology dynamics during rye and wheat sourdough preparation. *Appl. Environ. Microbiol.*, 79, 7827-7836.

FDA (Food and Drug Administration), 2012. Pasteurized Milk Ordinance (2007 Revision). http://www.fda.gov/Food/GuidanceRegulation/GuidanceDocumentsRegulatoryInformation/Milk/ucm063876.htm#sec7. Consulté le 09/12/2013.

He Z., Deng Y., Van Nostrand J.D., Tu Q., Xu M., Hemme C.L., Li X., Wu L., Gentry T.J., Yin Y., Liebich J., Hazen T.C., Zhou J., 2010. GeoChip 3.0 as a high-throughput tool for analyzing microbial community composition, structure and functional activity. *ISME J.*, 4, 1167-1179

Humblot C., Guyot J.P., 2009. Pyrosequencing of tagged 16S rRNA gene amplicons for rapid deciphering of the microbiomes of fermented foods such as pearl millet slurries. *Appl. Environ. Microbiol.*, 75, 4354-4361.

Hunt K.M., Foster J.A., Forney L.J., Schütte U.M., Beck D.L., Abdo Z., Fox L.K., Williams J.E., McGuire M.K., McGuire M.A., 2011. Characterization of the diversity and temporal stability of bacterial communities in human milk. *PLoS ONE*, 6, e21313.

Illeghems K., De Vuyst L., Papalexandratou Z., Weckx S., 2012. Phylogenetic analysis of a spontaneous cocoa bean fermentation metagenome reveals new insights into its bacterial and fungal community diversity. *PLoS ONE*, 7, e38040.

Jung J.Y., Lee S.H., Kim J.M., Park M.S., Bae J.W., Hahn Y., Madsen E.L., Jeon C.O., 2011. Metagenomic analysis of kimchi, a traditional Korean fermented food. *Appl. Environ. Microbiol.*, 77, 2264-2274.

Jung M.J., Nam Y.D., Roh S.W., Bae J.W., 2012. Unexpected convergence of fungal and bacterial communities during fermentation of traditional Korean alcoholic beverages inoculated with various natural starters. *Food Microbiol.*, 30, 112-123.

Jung J.Y., Lee S.H., Jin H.M., Hahn Y., Madsen E.L., Jeon C.O., 2013. Metatranscriptomic analysis of lactic acid bacterial gene expression during kimchi fermentation. *Int. J. Food Microbiol.*, 163, 171-179.

Kim Y.S., Kim M.C., Kwon S.W., Kim S.J., Park I.C., Ka J.O., Weon H.Y., 2011. Analyses of bacterial communities in meju, a Korean traditional fermented soybean bricks, by cultivation-based and pyrosequencing methods. *J. Microbiol.*, 49, 340-348.

Kiyohara M., Koyanagi T., Matsui H., Yamamoto K., Take H., Katsuyama Y., Tsuji A., Miyamae H., Kondo T., Nakamura S., Katayama T., Kumagai H., 2012. Changes in microbiota population during fermentation of narezushi as revealed by pyrosequencing analysis. *Biosci. Biotechnol. Biochem.*, 76, 48-52.

Koyanagi T., Nakagawa A., Kiyohara M., Matsui H., Yamamoto K., Barla F., Take H., Katsuyama Y., Tsuji A., Shijimaya M., Nakamura S., Minami H., Enomoto T., Katayama T., Kumagai H., 2013. Pyrosequencing analysis of microbiota in Kaburazushi, a traditional medieval sushi in Japan. *Biosci. Biotechnol. Biochem.*, 77, 2125-2130.

Lancova K., Dip. R., Antignac J.P., Le Bizec B., Elliott C.T., Naegeli H., 2011. Detection of hazardous food contaminants by transcriptomics fingerprinting. *Trends Anal. Chem.* 30, 181-191.

Lee S.H., Jung J.Y., Jeon C.O., 2014. Effects of temperature on microbial succession and metabolite change during saeu-jeot fermentation. *Food Microbiol.*, 38, 16-25.

Li X.R., Ma E.B., Yan L.Z., Meng H., Du X.W., Zhang S.W., Quan Z.X., 2011. Bacterial and fungal diversity in the traditional Chinese liquor fermentation process. *Int. J. Food Microbiol.*, 146, 31-37.

Lopez-Velasco G., Welbaum G.E., Falkinham III J.O., Ponder M.A., 2011. Phyllopshere bacterial community structure of spinach (*Spinacia oleracea*) as affected by cultivar and environmental conditions at time of harvest. *Diversity*, 3, 721-738.

Lusk T.S., Ottesen A.R., White J.R., Allard M.W., Brown E.W., Kase J.A., 2012. Characterization of microflora in Latin-style cheeses by next-generation sequencing technology. *BMC Microbiol.*, 12, 254

Lyu C., Chen C., Ge F., Liu D., Zhao S., Chen D., 2013. A preliminary metagenomic study of puer tea during pile fermentation. *J. Sci. Food Agric.*, 93, 3165-3174.

Morgan J.L., Darling A.E., Eisen J.A., 2010. Metagenomic sequencing of an *in vitro*-simulated microbial community. *PLoS ONE, 5*, e10209.

Nalbantoglu U., Cakar A., Dogan H., Abaci N., Ustek D., Sayood K., Can H., 2014. Metagenomic analysis of the microbial community in kefir grains. *Food Microbiol.*, 41, 42-51.

Nam Y.D., Lee S.Y., Lim S.I., 2012a. Microbial community analysis of Korean soybean pastes by next-generation sequencing. *Int. J. Food Microbiol.*, 155, 36-42.

Nam Y.D., Park S.L., Lim S.I., 2012b. Microbial composition of the Korean traditional food "kochujang" analyzed by a massive sequencing technique. *J. Food Sci.*, 77, M250-6.

Nieminen T.T., Koskinen K., Laine P., Hultman J., Sade E., Paulin L., Paloranta A., Johansson P., Bjorkroth J., Auvinen P., 2012. Comparison of microbial communities in marinated and unmarinated broiler meat by metagenomics. *Int. J. Food Microbiol.*, 157, 142-149.

Oikonomou G., Machado V.S., Santisteban C. Schukken Y.H., Bicalho R.C., 2012. Microbial diversity of bovine mastitis milk as described by pyrosequencing of metagenomic 16S rDNA. *PLoS ONE, 7*, e47671.

Park E.J., Kim K.H., Abell G.C.J., Kim M.S., Roh S.W., Bae J.W., 2011. Metagenomic analysis of the viral communities in fermented foods. *Appl. Environ. Microbiol.*, 77, 1284-1291.

Park E.J., Chun J., Cha C.J., Park W.S., Jeon C.O., Bae J.W., 2012. Bacterial community analysis during fermentation of ten representative kinds of kimchi with barcoded pyrosequencing. *Food Microbiol.* 30, 197-204.

Penacho V., Valero E., Gonzalez R., 2012. Transcription profiling of sparkling wine second fermentation. *Int. J. Food Microbiol.*, 153, 176-182.

Roh S.W., Kim K.H., Nam Y.D., Chang H.W., Park E.J., Bae J.W., 2010. Investigation of archaeal and bacterial diversity in fermented seafood using barcoded pyrosequencing. *ISME J.*, 4, 1-16.

Quigley L., O'Sullivan O., Beresford T.P., Fitzgerald G.F., Cotter P.D., 2012. High-throughput sequencing for detection of subpopulations of bacteria not previously associated with artisanal cheeses. *Appl. Environ. Microbiol.*, 78, 5717-5723.

Sakamoto N., Tanaka S., Sonomoto K., Nakayama J., 2011. 16S rRNA pyrosequencing -based investigation of the bacterial community in nukadoko, a pickling bed of fermented rice bran. *Int. J. Food Microbiol.*, 144, 352-359.

Shapiro O.H., Kushmaro A., Brenner A., 2010. Bacteriophage predation regulates microbial abundance and diversity in a full-scale bioreactor treating industrial wastewater. *ISME J.*, 4, 327-336.

Valdés A., Ibáñez C., Simó C., García-Cañas V., 2013. Recent transcriptomics advances and emerging applications in food science. *Trends Anal. Chem.*, 52, 142-154.

van Hijum S.A., Vaughan E.E., Vogel R.F., 2013. Application of state-of-art sequencing technologies to indigenous food fermentations. *Curr. Opin. Biotechnol.*, 24, 178-186.

Weckx S., Van der Meulen R., Allemeersch J., Huys G., Vandamme P., Van Hummelen P., De Vuyst L., 2010. Community dynamics of bacteria in sourdough fermentations as revealed by their metatranscriptome. *Appl. Environ. Microbiol.*, 76, 5402-5408.

Weckx S., Allemeersch J., Van der Meulen R., Vrancken G., Huys G., Vandamme P., Van Hummelen P., De Vuyst L., 2011. Metatranscriptome analysis for insight into whole-ecosystem gene expression during spontaneous wheat and spelt sourdough fermentation. *Appl. Environ. Microbiol.*, 77, 618-626.

Xie G., Wang L., Gao Q., Yu W., Hong X., Zhao L., Zou H., 2013. Microbial community structure in fermentation process of Shaoxing rice wine by Illumina-based metagenomic sequencing. *J. Sci. Food Agric.*, 93, 3121-3125.

Yeung M., 2012. ADSA Foundation Scholar Award: Trends in culture-independent methods for assessing dairy food quality and safety: Emerging metagenomic tools. *J. Dairy Sci.*, 95, 6831-6842.

6

Microbiome du sol

Barbara Pivato, Nicolas Chemidlin Prévost-Boure, Philippe Lemanceau

Introduction

Les sols sont des environnements vivants comprenant une biomasse largement supérieure à celle présente à leur surface. Ainsi, l'ordre de grandeur de cette biomasse est estimé de 1 à 5 tonnes par hectare pour la faune et de 3,5 et 1,5 tonnes par hectare respectivement pour les champignons et les bactéries. Cette biomasse est constituée d'une immense biodiversité, en particulier microbienne. L'analyse de ce microbiome est confrontée à des difficultés majeures. La première est bien évidemment liée à la taille microscopique des organismes considérés, comme leur nom l'indique. Une seconde difficulté majeure est associée au niveau de diversité particulièrement élevé de ce microbiome dans les sols (10^4 à 10^6 génotypes/g sol, Schloss et Handelsman, 2006), dont on réalise juste l'étendue. En effet, jusqu'à récemment, nous n'avions accès qu'aux micro-organismes dits cultivables dont on sait maintenant qu'ils ne représentent qu'une très faible part de la biodiversité totale (Amann *et al.*, 2001). Les études ne permettaient donc qu'une vision très tronquée du microbiome des sols. L'accès à cette biodiversité est de plus rendu difficile par sa localisation cachée, l'hétérogénéité de la matrice tellurique et la variabilité de la distribution des micro-organismes et de leur biodiversité à différentes échelles spatiales (agrégat de sol, parcelle, paysage, territoire, continent) et temporelles (cycles de développement microbien, cycles des cultures végétales, rotations des cultures, changements de paysages). Finalement, les recherches en écologie microbienne du sol ont pendant longtemps souffert du manque de prise en compte de la grande variété des situations environnementales dans lesquelles évolue la biodiversité tellurique (type de sol, de climat, de mode d'usage), de telle sorte que les conclusions pouvaient varier d'une étude à l'autre (Fierer et Jackson, 2006 ; Pasternak *et al.*, 2013).

En dépit des difficultés associées à son étude, l'analyse du microbiome tellurique représente un enjeu majeur du fait de son rôle central dans le fonctionnement

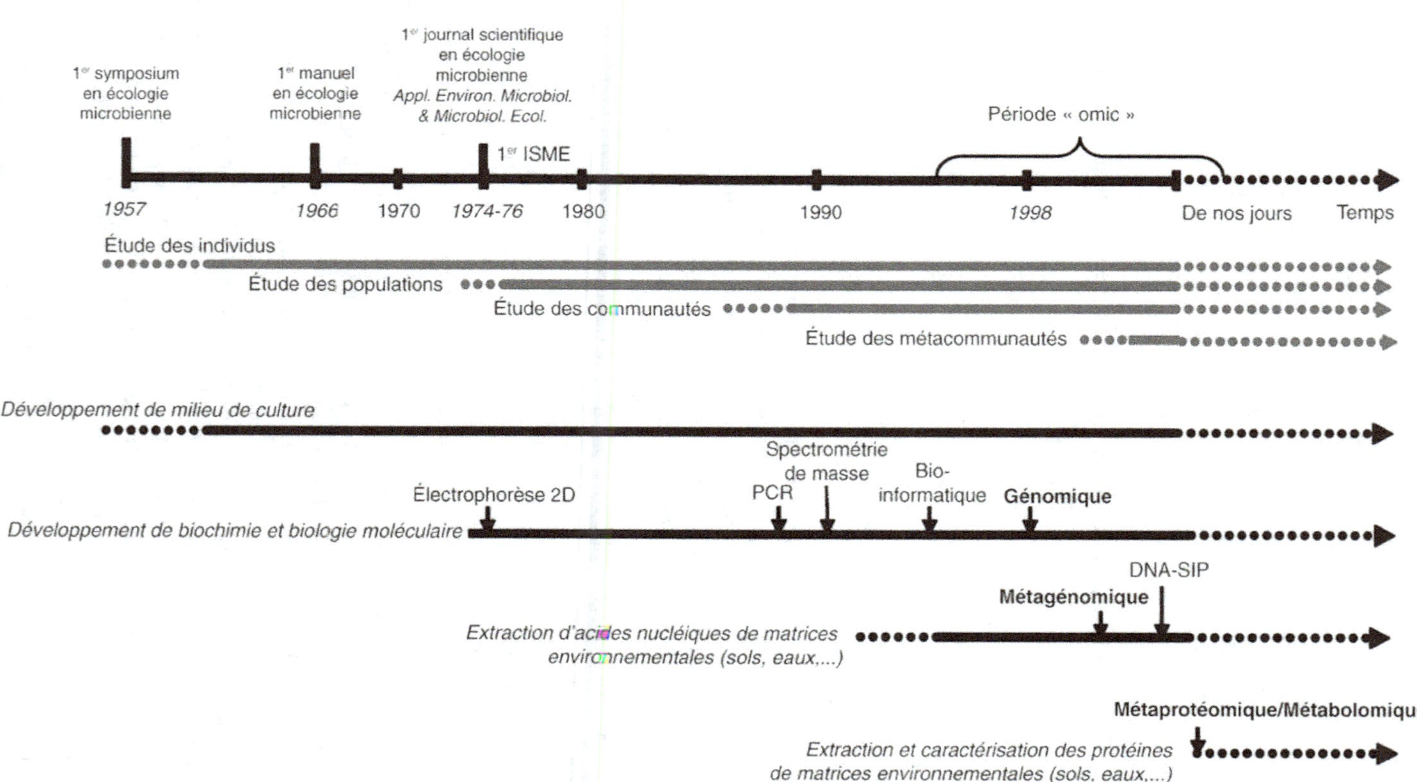

Figure 6.1. Relation entre la chronologie des développements en écologie microbienne du sol et les méthodologies associées. Adapté de Maron *et al.*, 2007.

biologique des sols, de sa traduction en services écosystémiques, et du patrimoine que ce microbiome représente comme réservoir de gènes et de métabolites pour des applications potentielles en biotechnologies, pharmacie, phytopharmacie… (Uchiyama et Miyazaki, 2009). Le microbiome contribue en effet à la formation des sols et aux cycles biogéochimiques, en particulier de l'azote et du carbone, avec des conséquences directes sur la nutrition des plantes et la productivité agricole et forestière, mais également sur les services environnementaux associés relatifs à la régulation de l'émission/stockage de gaz à effet de serre par les sols (émission de CO_2/stockage de carbone, émission de N_2O/réduction de N_2O en N_2). Les interactions entre plantes et micro-organismes telluriques contribuent à l'adaptation des végétaux aux stress abiotiques comme une faible fertilité et des variations du régime hydrique (Marulanda *et al.*, 2009), et biotiques, *via* la protection contre les agents phytopathogènes (antagonisme microbien et élicitation des réactions de défense de la plante-hôte — van Loon *et al.*, 1998 ; Berendsen *et al.*, 2012). De façon générale, la biodiversité microbienne des sols contribue à la productivité mais également à la stabilité (résistance, résilience) de l'agroécosystème et donc à sa durabilité (Yachi et Loreau, 1999).

Compte tenu des enjeux majeurs représentés par la connaissance et la gestion du microbiome des sols mais également des difficultés associées à son étude, des efforts considérables ont été et sont dédiés pour proposer des méthodologies permettant l'analyse de son abondance, de sa diversité et de son fonctionnement (figure 6.1). Les progrès dans ce domaine ont permis le développement de méthodes pour successivement étudier la physiologie de souches modèles, puis la diversité de populations et ensuite de communautés isolées du sol, respectivement en développant des milieux de culture adaptés (années 1960) et des techniques d'électrophorèse de l'ADN (années 1970-1980). Les progrès se sont ensuite accélérés avec le développement de techniques permettant l'extraction d'ADN des sols évitant la phase de culture microbienne et autorisant ainsi une vue plus exhaustive du microbiome tellurique. Cette étape majeure a ouvert la voie de la métagénomique pour l'analyse de l'ensemble des génomes présents dans un sol (Tringe *et al.*, 2005) (figure 6.2). Cette voie a été grandement favorisée par la diminution spectaculaire du coût du séquençage de l'ADN (http://www.genome.gov/sequencingcosts/), grâce aux développements méthodologiques générés par les grands programmes des séquençages du génome humain (Venter *et al.*, 2001) et du microbiome digestif (Cho et Blaser, 2012).

Les approches de génomique et de métagénomique appliquées à l'étude de la biologie des sols permettent et doivent permettre des avancées majeures dans notre connaissance de la biodiversité des sols et de leur fonctionnement à la fois aux niveaux académique et opérationnel.

Il s'agit (figure 6.3) :
- au niveau académique
  - de caractériser la biodiversité des sols,
  - de mettre en relation biodiversité, activités, fonctions et services écosystémiques,
  - d'identifier et hiérarchiser les paramètres abiotiques et biotiques ayant un impact sur la biodiversité du sol et son fonctionnement ;

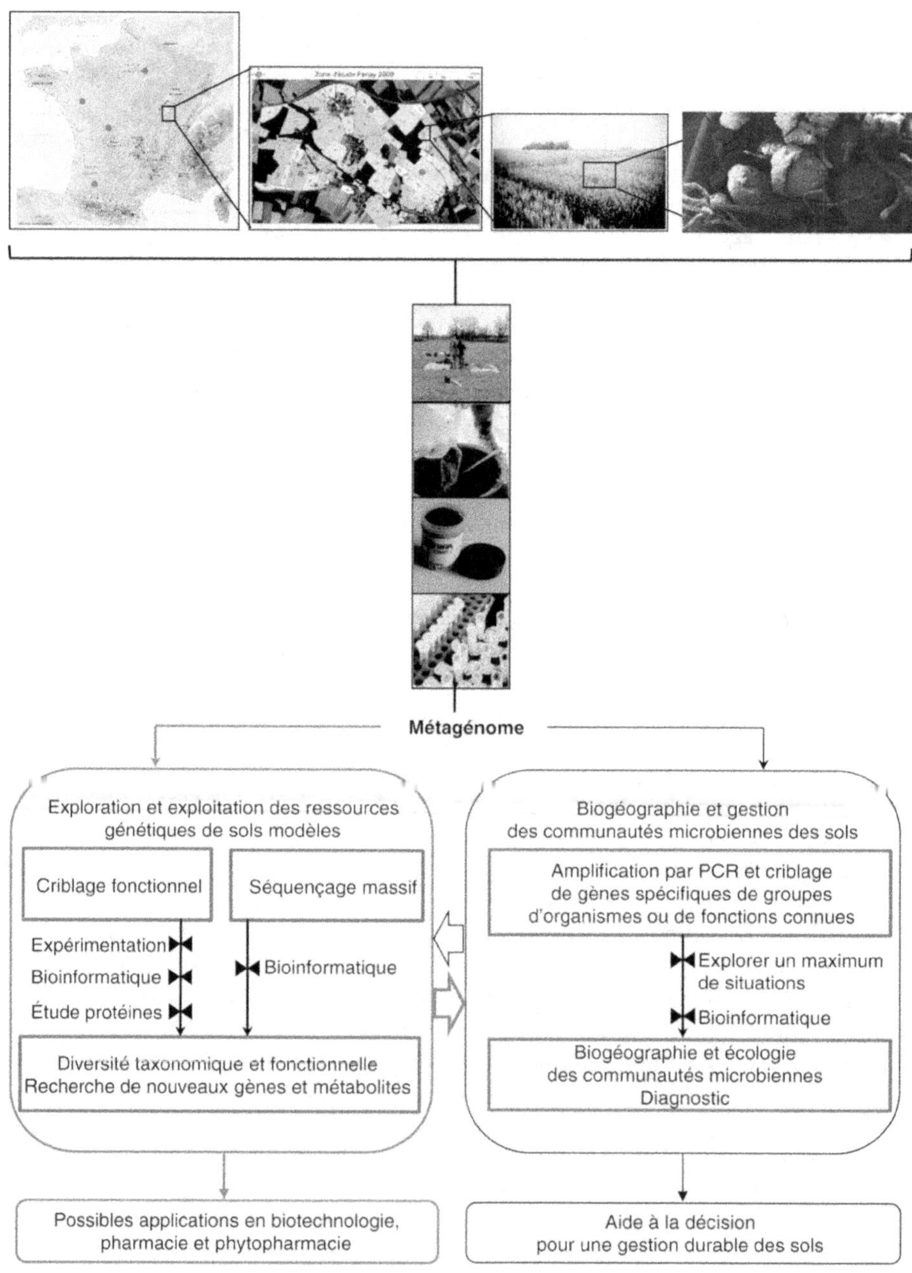

Figure 6.2. Deux types de stratégies pour l'analyse du métagénome du sol reposant sur l'exploration et l'exploitation des ressources génétiques de sols modèles, et la biogéographie et la gestion des communautés microbiennes des sols.

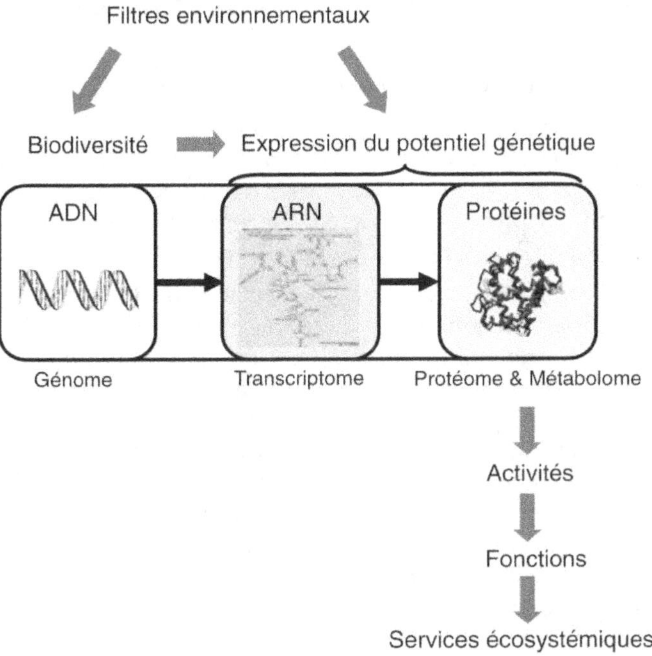

Figure 6.3. Enjeux des recherches en écologie microbienne des sols incluant : l'analyse de la biodiversité ; les relations entre biodiversité, activités, fonctions et finalement services écosystémiques ; et l'influence des filtres environnementaux à la fois sur la biodiversité et sa traduction en activités, fonctions et services écosystémique. Cette figure correspond au schéma conceptuel du projet européen EcoFINDERS.

- au niveau opérationnel
  - de proposer des éléments de diagnostic et d'aide à la décision pour la gestion durable des sols,
  - de découvrir de nouveaux gènes et métabolites pour des applications agronomiques, biotechnologiques, environnementales, pharmaceutiques et phytopharmaceutiques.

Pour répondre à ces enjeux, deux stratégies sont suivies (figure 6.2). La première vise à explorer et exploiter les ressources génétiques de sols modèles. Elle consiste à analyser avec une bonne profondeur la diversité et le potentiel fonctionnel du microbiome tellurique par un séquençage massif de l'ADN directement extrait du sol ou cloné dans des vecteurs. Les clones peuvent être de plus criblés pour la recherche de séquences d'intérêt ; compte tenu de l'importance du séquençage requis, cette stratégie ne peut matériellement être appliquée que sur un nombre limité de sols. La deuxième stratégie vise à décrire l'abondance et la diversité microbienne en utilisant des régions ciblées permettant de classer les micro-organismes selon des groupes à valeur taxonomique ou fonctionnelle ; cette stratégie moins coûteuse peut être appliquée à un plus grand nombre de sols soumis à des conditions environnementales et des modes d'usage variés.

Exploration et exploitation des ressources génétiques de sols modèles

L'exploration de la biodiversité microbienne de sols modèles repose sur l'extraction de l'ADN du sol, son séquençage direct ou après clonage.

Le métagénome a ainsi été étudié dans des environnements complexes tels que la mer des Sargasses (Venter *et al.*, 2004), une mine acide (Tyson *et al.*, 2004), le tube digestif (chapitre 4), et plus récemment un sol issu de l'essai de longue durée de Rothamsted (Park Grass, RU) (Vogel *et al.*, 2009).

Le défi majeur d'analyser *in extenso* le métagénome de ce sol afin de caractériser sa diversité et son fonctionnement a été lancé par Vogel *et al.* (2009) à travers l'établissement du consortium international TerraGenome. Au niveau national, cette initiative s'est traduite par le projet MetaSoil (http://www.genomenviron.org/Projects/METASOIL.html), coordonné par Pascal Simonet et Tim Vogel (École Centrale, Lyon), qui a consisté d'une part à séquencer (5 Gbp) directement de l'ADN extrait du sol (pyroséquençage en plateforme 454 GS FLX Titanium), et d'autre part à construire une banque de fosmides (80 Gbp) dans *Escherichia coli* en clonant des fragments de 40 Kb (deux millions de clones). Sur les 5 Gpb séquencées, 34,5 % des séquences ont été assignées à des fonctions et seulement 1 % des séquences annotées présentaient une forte homologie avec des séquences déjà décrites. Néanmoins, cette étude pionnière a permis d'acquérir des informations fonctionnelles sur ce sol de référence (Delmont *et al.*, 2012). À titre d'exemple, il apparaît que les sous-systèmes fonctionnels les plus abondants sont liés aux systèmes de signalisation cAMP et de transport Ton et Tol (Delmont *et al.*, 2012). Les analyses issues du criblage de la banque de fosmides sont en cours. Depuis lors, d'autres projets d'analyse du métagénome de sols ont été initiés (Myrold *et al.*, 2014 ; tableau 6.1).

Globalement ces projets sont confrontés à des challenges majeurs liés :
– à l'immensité de la biodiversité des sols ;
– à l'abondance variable des génotypes et des gènes de fonctions, alors que des populations relativement peu abondantes peuvent jouer des rôles importants ;
– au nombre encore faible d'organismes telluriques dont le génome a été séquencé et de bases de données de séquences fonctionnelles.

Ainsi, si l'on considère en première approximation qu'un gramme de sol comporte 10^9 cellules bactériennes avec chacune un génome moyen de l'ordre de 4 Mbp, le métagénome de la communauté bactérienne tellurique serait estimé à 4×10^3 Gbp d'ADN. Ce calcul est bien sûr biaisé car il ne prend pas en compte la représentation en plusieurs exemplaires du même génotype. Il n'en demeure pas moins qu'il permet de mettre en évidence le coût gigantesque de séquençage requis pour obtenir une profondeur d'analyse suffisante permettant d'assurer une description exhaustive du métagénome. Sur la base de ce calcul, les 5 Gbp du projet MetaSoil ne représenteraient donc que 0,000125 % du métagénome bactérien du sol de Park Grass.

La difficulté d'accès aux séquences présentes à de faibles fréquences est illustrée par les résultats du projet européen METACONTROL au cours duquel, en dépit de l'effort majeur de séquençage (entre 6 000 et 60 000 clones pour cinq librairies),

Tableau 6.1. Exemples de synthèses bibliographiques sur l'analyse du métagénome des sols suivant la stratégie décrite p. 76.

Thème de la synthèse	Points particuliers	Référence
Application d'approches de métagénomique pour l'identification de nouvelles molécules antimicrobiennes		Banik et Brady, 2010
Métagénomique et antibiotiques		Garmendia *et al.*, 2012
Avancées et perspectives en métagénomique. Proposition des pistes pour optimiser les études en métagénomique		Kowalchuk *et al.*, 2007
Exploration de la résistance aux antibiotiques dans les sols à travers une approche de métagénomique		Monier *et al.*, 2011
Description des différentes techniques de séquençage appliquées en métagénomique	Figures illustrant la biochimie à la base des différentes techniques de séquençage	Morey *et al.*, 2013
Utilisation des approches de métagénomique pour comprendre les processus microbiens du sol	Tableaux résumant les études effectuées sur le sol avec des approches de métagénomique, métatranscriptomique et métaprotéomique	Myrold *et al.*, 2014
État des connaissances dans le domaine de l'analyse des données métagénomiques		Scholz *et al.*, 2012
Introduction à l'analyse des données de métagénomique		Sharpton, 2014
Approches en métagénomique		Simon et Daniel, 2011
Métagénomique fonctionnelle et découverte de nouvelles enzymes	Tableau résumant les approches utilisées pour la découverte de nouvelles enzymes	Uchiyama et Miyazaki, 2009

seule une très faible proportion des clones (< 0,05 %) contenait des séquences codant les polykétide synthases (PKS), enzymes impliquées dans la production de métabolites secondaires, tels que le siderophore ferricrocine et les gibbérellines, dont on connaît pourtant le rôle déterminant dans les interactions biotiques (van Elsas *et al.*, 2008). En effet, un calcul théorique proposé par Leveau (2007) estime qu'il faudrait tester une librairie de 57 000 clones avec des inserts de 40 Kbp pour atteindre une probabilité 99 % de retrouver le gène d'intérêt qui représenterait 1 % du métagénome. Cette difficulté est représentée par l'image faite par Kowalchuck *et al.* (2007) de la recherche d'une aiguille dans une botte de foin.

Finalement, l'assemblage des données issues du séquençage haut débit (*reads*) en séquences plus longues continues et ordonnées (*contigs*) demeure un verrou bio-informatique majeur. Les progrès dans ce domaine requièrent clairement la mise à disposition d'un plus grand nombre de séquences de génomes microbiens d'origine environnementale ainsi que leur organisation en bases de données centralisées et accessibles.

Les résultats attendus du séquençage massif de sols modèles, au-delà de la connaissance de leur biodiversité, doivent nous permettre de progresser dans la connaissance du fonctionnement biologique du sol en classant les protéines puta-tives à partir des séquences du métagénome. Cependant, à nouveau les bases de données demeurent très insuffisantes et seule une faible fraction des familles (en moyenne, moins de 50 %) peut être associée à des gènes de fonctions. De plus, la présence de ces gènes dans l'environnement ne signifie bien sûr pas qu'ils soient exprimés au moment de l'échantillonnage (Sharpton, 2014). Une autre approche de métagénomique fonctionnelle repose sur le clonage préalable de l'ADN extrait du sol dans différents vecteurs (plasmides, cosmides, fosmides, *bacterial artificial chromosomes* — BAC) selon la longueur du fragment d'ADN à intégrer. Ces vec-teurs sont introduits dans des cellules bactériennes hôtes, notamment *E. coli*, pour constituer des banques de clones. Ces banques sont criblées pour la recherche d'activités d'intérêt et des gènes qui les codent. L'identification de ces activités et gènes présente le double intérêt de progresser dans la connaissance du fonction-nement biologique du sol et de permettre la valorisation de nouveaux métabolites ou de nouvelles fonctions pour des applications potentielles en biotechnologie, pharmacie, phytopharmacie… Cette approche a d'ores et déjà permis l'identifi-cation de nouveaux gènes fonctionnels issus du sol. Parmi ceux-ci, on peut citer des gènes codant :

— des biocatalyseurs (estérases, lipases, oxygénases et xylanases),

— des lactamases, impliquées dans la résistance aux antibiotiques,

— des molécules servant de signal dans le processus de *Quorum Sensing* (Banik et Brady, 2010 ; Garmendia *et al.*, 2012 ; Uchiyama et Miyazaki, 2009).

Étant donné le coût considérable que représente le séquençage complet d'un sol, il ne peut s'appliquer qu'à un nombre limité de sols modèles qui pourraient ensuite être utilisés pour mettre en œuvre une approche de métagénomique comparative (à la fois taxonomique et fonctionnelle) à l'image de celle suivie pour le micro-biome du tube digestif (Arumugam *et al.*, 2011). Ces sols représenteraient en effet des sols de référence à l'image des entérotypes définis pour le métagénome du tube digestif. Il serait alors possible de comparer chaque nouveau microbiome tellurique à ceux de référence afin d'identifier leurs proximités respectives et les différences comparées au sol de référence le plus proche. Il ne s'agit bien sûr à ce stade que d'une perspective dont il est difficile d'apprécier le réalisme compte tenu de l'immense variété des types de sols et des situations environnementales. Fierer *et al.* (2012) ont effectué une première tentative de métagénomique comparative sur deux sols soumis à différents régimes de fertilisation azotée et ont ainsi mis en évidence que les phyla copiotrophes sont favorisés par cette fertilisation. Afin de minimiser la variabilité liée aux types de sols, on pourrait, à l'image des recherches conduites sur le microbiome du tube digestif, envisager d'appliquer cette approche de métagénomique comparative plutôt aux communautés associées à différents hôtes végétaux. Dans ce contexte, il est intéressant de noter la proposition récente d'un microbiome cœur associé à la plante-hôte indépendamment du sol dans lequel elle est cultivée (Bulgarelli *et al.*, 2012 ; Lundberg *et al.*, 2012).

Biogéographie et gestion des communautés microbiennes des sols

Cette stratégie vise non plus à caractériser l'ensemble du métagénome mais plutôt des séquences particulières choisies pour leur valeur taxonomique (par exemple le gène de l'ADNr 16S) ou pour les activités qu'elles codent (gènes de fonction). Cette caractérisation de la diversité taxonomique et du potentiel fonctionnel, ciblée sur des régions particulières de l'ADN microbien, permet de redéployer les ressources analytiques décrites dans la section précédente sur un grand nombre d'échantillons de sols simultanément (haut débit analytique) et permet ainsi le développement d'approches à de larges échelles spatiales et temporelles (figure 6.4). Ce type de recherches s'inscrit dans le domaine de la biogéographie qui vise à caractériser la distribution de la biodiversité dans l'espace et le temps (Martiny *et al.*, 2006). Cette discipline scientifique a été développée à partir du XVIIIe siècle pour l'étude des macro-organismes (plantes, animaux) et a permis d'identifier et de hiérarchiser les mécanismes générant et maintenant leur diversité (spéciation, sélection, dispersion, interactions biotiques, etc.) trouvant ainsi des ouvertures en écologie de la conservation (Whittaker *et al.*, 2005 ; Harte *et al.*, 2009). Même si le premier postulat a été émis en 1934 par Baas Becking : « Tout est partout, *mais*, l'environnement sélectionne », l'application de la biogéographie aux micro-organismes telluriques s'est développée à partir des années 2000 avec l'avènement des méthodes moléculaires de caractérisation de la diversité (méthodes d'empreintes moléculaires), particulièrement aujourd'hui avec les méthodes de séquençage à haut débit. Ces méthodes permettent en effet l'analyse d'un grand nombre d'échantillons de sols issus d'environnements variés : types de sols, de climats, de modes d'usages (Green *et al.*, 2004 ; Martiny *et al.*, 2006 ; Fierer et Jackson, 2006). Les recherches en biogéographie microbienne ont pour objectif de comprendre les règles d'assemblage des micro-organismes dans les sols et en particulier de déterminer si les lois de distribution identifiées pour les macro-organismes s'appliquent aux micro-organismes ou si des règles spécifiques régissent cette distribution en raison de leurs particularités (taille microscopique, temps de génération très court, extrême diversité, grandes capacités adaptatives). Comme pour les macro-organismes, ces recherches visent également à identifier et hiérarchiser les paramètres environnementaux (édaphiques, climatiques, usage des sols, pratiques agricoles) impactant l'assemblage et la distribution des communautés microbiennes du sol à grande échelle. Les résultats obtenus indiquent clairement que les micro-organismes telluriques sont distribués de façon hétérogène et structurée selon des patrons biogéographiques tant au niveau du groupe microbien (Cho et Tiedje, 2000 ; Papke et Ward, 2004 ; Whittaker *et al.*, 2005 ; Peay *et al.*, 2007), qu'à celui de la communauté microbienne (Fierer et Jackson 2006 ; Martiny *et al.*, 2006 ; Dequiedt *et al.*, 2009 ; Ranjard *et al.*, 2013 ; Chemidlin Prévost-Bouré *et al.*, 2014). Ces conclusions incitent logiquement à identifier les processus à l'origine de la structuration décrite.

Une manière de discriminer les processus de diversification et d'évaluer leur influence relative est de considérer les variations spatiales des communautés à travers la relation aire-espèces (Gleason, 1922 ; Harte *et al.*, 1999, 2009 ; Morlon *et al.*, 2008 ; Ranjard *et al.*, 2013 ; Chemidlin Prévost-Bouré *et al.*, 2014). Cette relation prend en compte les variations de diversité biologique lorsque l'on augmente l'aire échantillonnée ou la distance entre les sites échantillonnés (figure 6.4). Elle est principalement employée pour étudier les processus de sélection et de dispersion car les marqueurs moléculaires servant à la caractérisation taxonomique des communautés microbiennes (ADNr 16S pour les prokaryotes, ADNr 18S pour les eukaryotes) sont peu affectés par les processus de dérive écologique ou de mutation. De nombreuses études ont démontré que l'assemblage des communautés est en premier lieu sous le contrôle de processus de sélection (Hanson *et al.*, 2012). Le second processus le plus important semble être la dispersion même s'il reste fortement discuté. En effet, son importance a été démontrée pour des groupes microbiens particuliers (genre *Pseudomonas*, champignons ectomychoriziens ; Cho et Tiedje, 2000 ; Peay *et al.*, 2007, 2012) mais sa contribution à l'échelle de la communauté microbienne n'est pas claire. Les paramètres environnementaux ont un fort impact sur la structuration des communautés microbiennes telluriques. Ainsi, elles sont fortement structurées par les propriétés physico-chimiques des sols (pH, texture, teneur et qualité de la matière organique du sol ; Fierer et Jackson, 2006 ; Ramette et Tiedje, 2007 ; Lauber *et al.*, 2008 ; Dequiedt *et al.*, 2009, 2011) et le mode d'usage des sols et les pratiques agricoles (Lienhard *et al.*, 2013, 2014 ; Lauber *et al.*, 2008). En revanche, les paramètres climatiques ont un impact moindre dans la gamme de conditions testées (Pasternak *et al.*, 2013), même si cette influence fait l'objet de discussions (Mulder *et al.*, 2005 ; Drenovsky *et al.*, 2010).

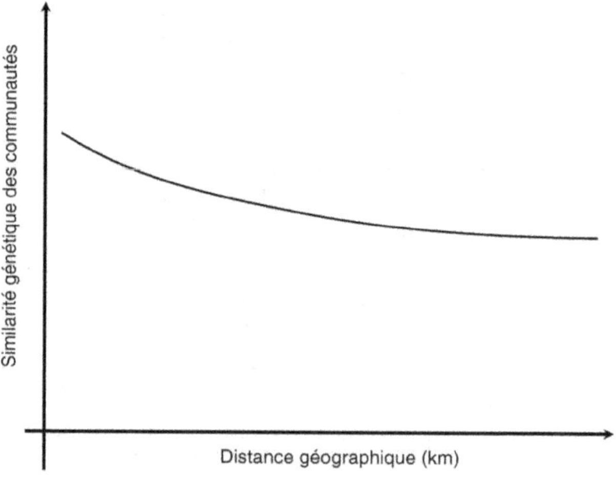

Figure 6.4. Relation aire-espèce.

Ces recherches ont fait et font encore l'objet de grands programmes nationaux (ANR) et internationaux (projets européens). À l'échelle française, le projet ECOMIC-RMQS se place comme un pionnier de la biogéographie microbienne. Débuté en 2006, ce projet avait pour objectifs de mieux comprendre les processus de diversification des communautés microbiennes et leurs importances relatives, et de mieux hiérarchiser les filtres environnementaux impliqués dans la structuration spatiale de l'abondance et de la diversité microbienne des sols. Pour atteindre ces objectifs, le projet ECOMIC-RMQS s'est appuyé sur le Réseau de mesure de la qualité des sols (Arrouays *et al.*, 2002) géré par le GIS Sol (www.gissol.fr/). Ce réseau constitue un échantillonnage systématique des sols français suivant une grille de 16 km de côté, soit un total de 2 150 échantillons de sol analysés. Les résultats de ces analyses ont permis de mettre en évidence la distribution hétérogène des communautés microbiennes du sol à l'échelle du territoire national français tant en termes d'abondance que de structure génétique (Dequiedt *et al.*, 2009, 2011 ; Chemidlin Prévost-Bouré *et al.*, 2014 ; figure 6.5). Ils ont aussi révélé que les processus de dispersion et de sélection sont tous deux impliqués dans la diversification des communautés microbiennes (Ranjard *et al.*, 2013 ; Chemidlin Prévost-Bouré *et al.*, 2014). Il a aussi permis de mettre en évidence que le processus de sélection est principalement basé sur des paramètres locaux (types de sol et occupation) plutôt que des paramètres distaux (climat et géomorphologie), et que certains modes d'usage des sols peuvent avoir des impacts forts sur les communautés bactériennes du sol (particulièrement des pratiques agricoles) conduisant à une réduction importante de la biomasse microbienne et modifiant la structure génétique des communautés bactériennes (Dequiedt *et al.*, 2009, 2011). L'influence de ces différents facteurs environnementaux se traduit à l'échelle du paysage puisqu'il a été observé que plus un paysage était diversifié en termes d'habitats, plus les communautés bactériennes tendent à se diversifier (Ranjard *et al.*, 2013).

En plus de ces apports fondamentaux, l'acquisition exhaustive des données sur les communautés bactériennes des sols a abouti à des sorties appliquées importantes telles que :

– la définition des niveaux d'abondance et de diversité des communautés bactériennes dans les sols français,

– l'évaluation de l'impact de l'occupation des sols et des activités anthropiques sur l'abondance et la diversité bactérienne des sols,

– l'identification de bio-indicateurs spécifiques d'une occupation du sol ou d'un impact anthropique.

Ces sorties sont aujourd'hui mises en œuvre en association avec l'ensemble des acteurs du monde agricole. D'autres ont vu le jour dans ce domaine au cours des années récentes à des échelles nationales en particulier aux Pays-Bas (Rutgers *et al.*, 2009), au Royaume-Uni (Countryside Survey, www.countrysidesurvey.org. uk, Griffiths *et al.*, 2011), mais également à des niveaux plus larges en Europe (EcoFINDERS, http://www.ecofinders.eu/, Lemanceau, 2011) et aux États-Unis (Fierer et Jackson, 2006), confirmant et élargissant les conclusions obtenues.

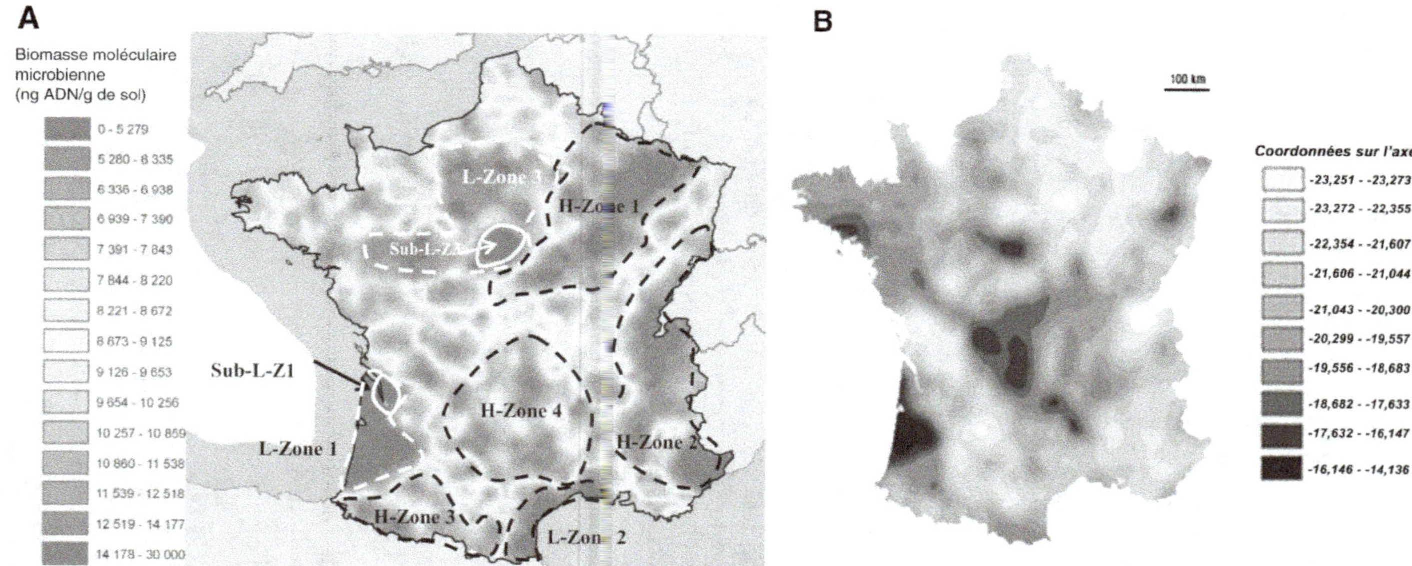

Figure 6.5. Cartographie de l'abondance des communautés microbiennes et de la composition bactérienne des sols de France métropolitaine.

A. Carte de biomasse microbienne moléculaire des sols (Dequiedt *et al.*, 2011), *i.e.* de la quantité d'ADN extraite du sol, correspondant à l'abondance des micro-organismes (bactéries et champignons). La biomasse moléculaire microbienne est distribuée de manière hétérogène suivant des patterns biogéographiques. Zones H et L : zones présentant des biomasses moléculaires microbiennes fortes ou faibles. Les flèches indiquent des sous-zones présentant des biomasses particulièrement faibles, valeurs souvent associées à l'utilisation du sol (e.g. sous-zone L-Z1 : culture viticole) ou à un type de sol particulier (e.g. sous-zone L-Z3 : sols sableux). **B.** Cartographie des variations de structure génétique des communautés bactériennes du sol à l'échelle de la France. La structure génétique des communautés bactériennes du sol est caractérisée au travers d'analyses multivariées sous contrainte spatiale (*i.e.* prenant en compte les relations de voisinage entre sites) qui permettent de résumer l'information contenue dans les données d'inventaire sur un nombre d'axes restreint. Les coordonnées des sites sur l'axe 1 de l'analyse sont représentées ici. Par cette approche, des couleurs divergentes sur la carte indiquent une divergence de communautés. On démontre ainsi que les communautés bactériennes du sol sont distribuées de manière hétérogène suivant des patterns biogéographiques (280 km de diamètre), ces variations étant en lien avec l'utilisation du sol et le type de sol à chaque site.

L'ensemble de ces études montre que cartographier les communautés microbiennes des sols sur de vastes territoires est possible et apporte des réponses à des questions à la fois fondamentales et opérationnelles. La compréhension des processus, l'identification et la hiérarchisation des facteurs faisant varier la diversité des communautés microbiennes des sols permettent l'identification de leviers de gestion mais aussi de développer des approches de modélisation pour prédire l'impact de changement d'usage des sols. Outre les progrès dans la compréhension de l'écologie des communautés telluriques, les études de biogéographie conduisent en effet à l'établissement de référentiels indiquant les gammes de variations normales de diversité selon les types de sols et leur mode d'usage. Ces référentiels permettent la formulation de diagnostic sur les propriétés biologiques des sols comme cela est fait depuis longtemps pour leurs propriétés physico-chimiques. Sur la base de ces diagnostics, il sera ensuite possible d'envisager des éléments d'aide à la décision grâce aux recherches actives menées dans le domaine de l'agroécologie (Lemanceau *et al.*, 2015).

Conclusion et perspectives

La métagénomique des sols ouvre des perspectives particulièrement stimulantes pour l'analyse de leur biodiversité et de leur fonctionnement. Ce type d'analyses doit permettre à terme de découvrir et répertorier les organismes peuplant ce qui a longtemps représenté une boîte noire et qui constitue pourtant une des plus grandes sources de biodiversité de la planète. De telles recherches bénéficient des développements méthodologiques et des réductions de coût spectaculaires du séquençage à haut débit acquis lors de programmes emblématiques tels que le séquençage du génome humain et celui du tube digestif. En France, elles bénéficient également du soutien de programmes spécifiquement dédiés tels que le métaprogramme Inra Méta-omiques des écosystèmes microbiens, MEM (http://www.mem.inra.fr/). Ces études demeurent cependant confrontées à la profondeur de séquençage requise pour une analyse exhaustive ainsi qu'aux difficultés d'analyse et d'assemblage des séquences. Elles représentent donc des défis qui nécessitent une mobilisation de moyens financiers mais également analytique au niveau mondial. On peut citer dans ce domaine l'initiative de Pascal Simonet et Tim Vogel, mais également celle du projet plus large « Earth Microbiome » (http://www.earthmicrobiome.org/). De même, l'analyse de la diversité des sols à des échelles spatiales et temporelles importantes ne peut évidemment pas s'arrêter aux frontières entre pays établies par l'homme. Un consensus international doit être trouvé pour disposer d'un corpus de méthodologies standardisées autorisant la comparaison des données issues de différents projets et ainsi la construction de bases de données et de référentiels. Dans ce contexte, on peut saluer la mise en place de la *Global Soil Biodiversity Initiative* (http://globalsoilbiodiversity.org/) qui œuvre dans cette direction. Les progrès qui devraient en résulter sont non seulement une augmentation spectaculaire de nos connaissances du fonctionnement des sols mais également la découverte de nouveaux gènes et métabolites ainsi que l'établissement de diagnostics de l'état des sols afin de proposer des modes de gestion durable de ce patrimoine essentiel mais fragile. Il s'agit donc d'un défi majeur pour l'humanité.

Références bibliographiques

Amann R., Fuchs B.M., Behrens S., 2001. The identification of microorganisms by fluorescence *in situ* hybridisation. *Curr. Opin. Biotechnol.*, 12, 231-236.

Arrouays D., Jolivet C., Boulonne L., Bodineau G., Saby N., Grolleau E., 2002. A new projection in France: a multi-institutional soil quality monitoring network. Une initiative nouvelle en France : la mise en place d'un réseau multi-institutionnel de mesure de la qualité des sols (RMQS). *C. R. Académie d'Agriculture de France*, 88, 93-105.

Arumugam M., Raes J., Pelletier E., Le Paslier D., Yamada T., Mende D.R., *et al.*, 2011. Enterotypes of the human gut microbiome. *Nature*, 473, 174-180.

Banik J.J., Brady S.F., 2010. Recent application of metagenomic approaches toward the discovery of antimicrobials and other bioactive small molecules. *Curr. Opin. Microbiol.*, 13, 603-609.

Baas Becking L.G.M., 1934. *Geobiologie of inleiding tot de milieukunde.* W.P. Van Stockum & Zoon, The Hague, The Netherlands (in Dutch).

Berendsen R.L., Pieterse C.M.J., Bakker P.A.H.M., 2012. The rhizosphere microbiome and plant health. *Trends Plant Sci.*, 17, 478-486.

Bulgarelli D., Rott M., Schlaeppi K., Van Themaat E.V.L., Ahmadinejad N., Assenza F., Rauf P., Huettel B., Reinhardt R., Schmelzer E., Peplies J., Gloeckner F.O., Amann R., Eickhorst T., Schulze-Lefert P., 2012. Revealing structure and assembly cues for Arabidopsis root-inhabiting bacterial microbiota. *Nature*, 488, 91-95.

Chemidlin Prévost-Bouré N., Dequiedt S., Thioulouse J., Lelièvre M., Saby N.P.A., Jolivet C., Arrouays D., Plassart P., Lemanceau P., Ranjard L., 2014. Similar processes but different environmental filters for soil bacterial and fungal community composition turnover on a broad spatial scale. *PloS ONE*, 9 (11), e111667.

Cho J.-C., Tiedje J.M., 2000. Biogeography and degree of endemicity of fluorescent Pseudomonas strains in oil. *Appl. Environ. Microbiol.*, 66, 5448-5456.

Cho I., Blaser M.J., 2012. The human microbiome: at the interface of health and disease. *Nat. Rev. Genet.*, 13, 260-270.

Delmont T.O., Prestat E., Keegan K.P., Faubladier M., Robe P., Clark I.M., Pelletier E., Hirsch P.R., Meyer F., Gilbert J.A., Le Paslier D., Simonet P., Vogel T.M., 2012. Structure, fluctuation and magnitude of a natural grassland soil metagenome. *ISME J.*, 6, 1677-1687.

Dequiedt S., Thioulouse J., Jolivet C., Saby N.P.A., Lelievre M., Maron P.-A., Martin M.P., Chemidlin Prévost-Bouré N., Toutain B., Arrouays D., Lemanceau P., Ranjard L., 2009. Biogeographical patterns of soil bacterial communities. *Environ. Microbiol. Rep.*, 1, 251-255.

Dequiedt S., Saby N.P.A., Lelievre M., Jolivet C., Thioulouse J., Toutain B., Arrouays D., Bispo A., Lemanceau P., Ranjard L., 2011. Biogeographical patterns of soil molecular microbial biomass as influenced by soil characteristics and management. *Global Ecol. Biogeography*, 20, 641-652.

Drenovsky R.E., Steenwerth K.L., Jackson L.E., Scow K.M., 2010. Land use and climatic factors structure regional patterns in soil microbial communities. *Global Ecol. Biogeography*, 19, 27-39.

Fierer N., Jackson R.B., 2006. The diversity and biogeography of soil bacterial communities. *Proc. Natl Acad. Sci. USA*, 103, 626-631.

Fierer N., Lauber C.L., Ramirez K.S., Zaneveld J., Bradford M.A., Knight R., 2012. Comparative metagenomic, phylogenetic and physiological analyses of soil microbial communities across nitrogen gradients. *ISME J.*, 6, 1007-1017.

Garmendia L., Hernandez A., Sanchez M.B., Martinez J.L., 2012. Metagenomics and antibiotics. *Clin. Microbiol. Infect.*, 18, 27-31.

Gleason A.H., 1922. On the relationship between species and area. *Ecology*, 3, 158-162.

Green J.L., Holmes A.J., Westoby M., Oliver I., Briscoe D., Dangerfield M., Gillings M., Beattie A.J., 2004. Spatial scaling of microbial eukaryote diversity. *Nature*, 432, 747-750.

Griffiths R.I., Thomson B., James P., Bell T., Bailey M., Whiteley A.S., 2011. The bacterial biogeography of British soils. *Environ. Microbiol.*, 13, 1642-1654

Hanson C.A., Fuhrman J.A., Horner-Devine M.C., Martiny J.B.H., 2012. Beyond biogeographic patterns: processes shaping the microbial landscape. *Nat. Rev. Microbiol.*, 10, 497-506.

Harte J., Kinzig A., Green J., 1999. Self-similarity in the distribution and abundance of species. *Science*, 284, 334-336.

Harte J., Smith A.B., Storch D., 2009. Biodiversity scales from plots to biomes with a universal species-area curve. *Ecol. Lett.*, 12 (8), 789-797.

Kowalchuk G.A., Speksnijder A.G.C.L., Zhang K., Goodman R.M., Van Veen J.A., 2007. Finding the needles in the metagenome haystack. *Microb. Ecol.*, 53, 475-485.

Lauber C.L., Strickland M.S., Bradford M.A., Fierer N., 2008. The influence of soil properties on the structure of bacterial and fungal communities across land-use types. *Soil Biol. Biochem.*, 40, 2407-2415.

Lemanceau P., 2011. EcoFINDERS, caractériser la biodiversité et le fonctionnement des sols en Europe. *Biofutur*, 326, 56-58.

Lemanceau P., Maron P.-A., Mazurier S., Mougel C., Pivato B., Plassart P., Ranjard L., Revellin C., Tardy V., Wipf D., 2015. Understanding and managing soil biodiversity: a major challenge in agroecology. *Agronomy for Sustainable Development*, 35 (1), 67-81.

Leveau J.H.J., 2007. The magic and menace of metagenomics: prospects for the study of plant growth-promoting rhizobacteria. *Eur. J. Plant Pathol.*, 119, 279-300.

Lienhard P., Terrat S., Mathieu O., Levêque J., Chemidlin Prévost-Bouré N., Nowak V., Régnier T., Faivre C., Sayphoummie S., Panyasiri K., Tivet F., Ranjard L., Maron P.-A., 2013. Soil microbial diversity and C turnover modified by tillage and cropping in Laos tropical grassland. *Environ. Chem. Lett.*, 11, 391-398.

Lienhard P., Terrat S., Prévost-Bouré N., Nowak V., Régnier T., Sayphoummie S., Panyasiri K., Tivet F., Mathieu O., Levêque J., Maron P.-A., Ranjard L., 2014. Pyrosequencing evidences the impact of cropping on soil bacterial and fungal diversity in Laos tropical grassland. *Agronomy for Sustainable Development*, 34, 525-533.

Lundberg D.S., Lebeis S.L., Paredes S.H., Yourstone S., Gehring J., Malfatti S., Tremblay J., Engelbrektson A., Kunin V., Rio T.G.D., Edgar R.C., Eickhorst T., Ley R.E., Hugenholtz P., Tringe S.G., Dangl J.L., 2012. Defining the core Arabidopsis thaliana root microbiome. *Nature*, 488, 86-90.

Maron P.-A., Ranjard L., Mougel C., Lemanceau P., 2007. Metaproteomics : a new approach for studying functional microbial ecology. *Microb. Ecol.*, 53, 486-493.

Martiny J.B.H., Bohannan B.J.M., Brown J.H., Colwell R.K., Fuhrman J.A., Green J.L., Horner-Devine M.C., Kane M., Krumins J.A., Kuske C.R., Morin P.J., Naeem S., Ovreas L., Reysenbach A.L., Smith V.H., Staley J.T., 2006. Microbial biogeography: putting microorganisms on the map. *Nat. Rev. Microbiol.*, 4, 102-112.

Marulanda A., Barea J.-M., Azcon R., 2009. Stimulation of plant growth and drought tolerance by native microorganisms (AM fungi and bacteria) from dry environments: mechanisms related to bacterial effectiveness. *J. Plant Growth Regul.*, 28, 115-124.

Monier J.-M., Demanèche S., Delmont T.O., Mathieu A., Vogel T.M., Simonet P., 2011. Metagenomic exploration of antibiotic resistance in soil. *Curr. Opin. Microbiol.*, 14, 229-235.

Morey M., Fernández-Marmiesse A., Castiñeiras D., Fraga J.M., Couce M.L., Cocho J.A., 2013. A glimpse into past, present, and future DNA sequencing. *Mol. Genet. Metabol.*, 110, 3-24.

Morlon H., Chuyong G., Condit R., Hubbell S., Kenfack D., Thomas D., Valencia R., Green J.L., 2008. A general framework for the distance–decay of similarity in ecological communities. *Ecol. Lett.*, 11, 904-917.

Mulder C., Van Wijnen H.J., Van Wezel A.P., 2005. Numerical abundance and biodiversity of below-ground taxocenes along a pH gradient across the Netherlands. *J. Biogeography*, 32, 1775-1790.

Myrold D.D., Zeglin L.H., Jansson J.K., 2014. The Potential of metagenomic approaches for understanding soil microbial processes. *Soil Sci. Soc. Am. J.*, 78, 3-10.

Papke R.T., Ward D.M., 2004. The importance of physical isolation to microbial diversification. *FEMS Microbiol. Ecol.*, 48, 293-303.

Pasternak Z., Al-Ashhab A., Gatica J., Gafny R., Avraham S., Minz D., Gillor O., Jurkevitch E., 2013. Spatial and temporal biogeography of soil microbial communities in arid and semiarid regions. *PLoS ONE*, 8, e69705.

Peay K.G., Bruns T.D., Kennedy P.G., Bergemann S.E., Garbelotto M., 2007. A strong species–area relationship for eukaryotic soil microbes: island size matters for ectomycorrhizal fungi. *Ecol. Lett.*, 10, 470-480.

Peay K.G., Schubert M.G., Nguyen N.H., Bruns T.D., 2012. Measuring ectomycorrhizal fungal dispersal: macroecological patterns driven by microscopic propagules. *Mol. Ecol.*, 21, 4122-4136.

Ramette A., Tiedje J.M., 2007. Multiscale responses of microbial life to spatial distance and environmental heterogeneity in a patchy ecosystem. *Proc. Natl Acad. Sci. USA*, 104, 2761-2766.

Ranjard L., Dequiedt S., Prevost-Boure N.C., Thioulouse J., Saby N.P.A., Lelievre M., Maron P.A., Morin F.E.R., Bispo A., Jolivet C., Arrouays D., Lemanceau P., 2013. Turnover of soil bacterial diversity driven by wide-scale environmental heterogeneity. *Nature Com.*, 4, 1434.

Rutgers M., Schouten A.J., Bloem J., van Eekeren N., de Goede R.G.M., Akkerhuis G.A.J.M., van der Wal A., Mulder C., Brussaard L., Breure A.M., 2009. Biological measurements in a nationwide soil monitoring network. *Eur. J. Soil Sci.*, 60, 820-832.

Schloss P.D., Handelsman J., 2006. Toward a census of bacteria in soil. *PLoS Comput. Biol.*, 2, e92.

Scholz M.B., Lo C.-C., Chain P.S.G., 2012. Next generation sequencing and bioinformatic bottlenecks: the current state of metagenomic data analysis. *Curr. Opin. Biotechnol.*, 23, 9-15.

Sharpton T.J., 2014. An introduction to the analysis of shotgun metagenomic data. *Front. Plant Sci.*, 5, 209.

Simon C., Daniel R., 2011. Metagenomic Analyses: past and future trends. *Appl. Environ. Microbiol.*, 77, 1153-1161.

Tringe S.G., Von Mering C., Kobayashi A., Salamov A.A., Chen K., Chang H.W., Podar M., Short J.M., Mathur E.J., Detter J.C., Bork P., Hugenholtz P., Rubin E.M., 2005. Comparative metagenomics of microbial communities. *Science*, 308, 554-557.

Tyson G.W., Chapman J., Hugenholtz P., Allen E.E., Ram R.J., Richardson P.M., Solovyev V.V., Rubin E.M., Rokhsar D.S., Banfield J.F., 2004. Community structure and metabolism through reconstruction of microbial genomes from the environment. *Nature*, 428, 37-43.

Uchiyama T., Miyazaki K., 2009. Functional metagenomics for enzyme discovery: challenges to efficient screening. *Curr. Opin. Biotechnol.*, 20, 616-622.

Van Elsas J.D., Costa R., Jansson J., Sjöling S., Bailey M., Nalin R., Vogel T.M., Van Overbeek L., 2008. The metagenomics of disease-suppressive soils - experiences from the METACONTROL project. *Trends Biotechnol.*, 26, 591-601.

Van Loon L.C., Bakker P.A., Pieterse C.M.J., 1998. Systemic resistance induced by rhizosphere bacteria. *Ann. Rev. Phytopathol.*, 36, 453-483.

Venter J.C., Adams M.D., Myers E.W., Li P.W., Mural R.J., Sutton G.G., *et al.*, 2001. The sequence of the human genome. *Science*, 291, 1304-1351.

Venter J.C., Remington K., Heidelberg J.F., Halpern A.L., Rusch D., Eisen J.A., *et al.*, 2004. Environmental genome shotgun sequencing of the Sargasso Sea. *Science*, 304, 66-74.

Vogel T.M., Simonet P., Jansson J.J., Hirsch P.R., Tiedje J.M., van Elsas J.D., Bailey M.J., Nalin R., Philippot L., 2009. Editorial TerraGenome: a *consortium* for the sequencing of a soil metagenome. *Nat. Rev. Microbiol.*, 7, 252.

Whittaker R.J., Araújo M.B., Paul J., Ladle R.J., Watson J.E.M., Willis K.J., 2005. Conservation biogeography: assessment and prospect. *Diversity and Distributions*, 11, 3-23.

Yachi S., Loreau M., 1999. Biodiversity and ecosystem productivity in a fluctuating environment: The insurance hypothesis. *Proc. Natl Acad. Sci. USA*, 96, 1463-1468.

Philippe Bertin, Frédéric Plewniak

7

Métagénomique environnementale

Des gènes aux génomes

Les micro-organismes ont évolué pendant plus de trois milliards d'années, parvenant à coloniser pratiquement toutes les niches écologiques, y compris les environnements les plus extrêmes en termes de salinité, acidité, pression ou température. Par leurs activités métaboliques multiples, ils jouent un rôle majeur dans les cycles biogéochimiques et affectent la productivité des sols et la qualité de l'eau. Aussi, l'intérêt pour les micro-organismes issus de l'environnement s'est manifesté bien avant l'ère de la génomique microbienne et des enzymes ont été isolées à maintes reprises, en particulier à partir d'organismes extrêmophiles. On peut notamment citer l'ADN polymérase (Taq polymérase) qui a permis de révolutionner les techniques de la biologie moléculaire et de développer divers diagnostics médicaux et sanitaires. Mais bien d'autres enzymes extraites d'organismes extrêmophiles, optimisées le cas échéant en laboratoire, sont utilisées en raison de leur haut potentiel pour des applications industrielles et/ou pharmaceutiques (Schiraldi et De Rosa, 2002). Cependant, les données de diversité obtenues par exemple à l'aide de méthodes moléculaires suggèrent que dans certains écosystèmes, près de 99 % des organismes n'ont pas été isolés par des approches culturales (Amman *et al.*, 1995). Aussi, afin d'accéder aux potentialités métaboliques de cet immense réservoir de gènes, l'utilisation directe d'ADN environnemental a été entreprise dans le but d'isoler des gènes d'intérêt. Et c'est ainsi que, voici plus de 15 ans, des gènes codant pour des cellulases ont été isolés à partir d'un digesteur anaérobie (Healey *et al.*, 1995). Bien d'autres gènes codant pour de nouveaux biocatalyseurs ont suivi, notamment des protéases, lipases/estérases, glycosidases, chitinases, xylanases et phosphatases, ou encore des gènes codant pour des protéines impliquées dans la synthèse de vitamines et de molécules antibiotiques (Ferrer *et al.*, 2009 ; Simon et Daniel, 2011).

Cette difficulté de mise en culture concerne non seulement des organismes à croissance lente, en particulier ceux habitant des biotopes extrêmes, mais aussi des symbiotes de plantes ou d'animaux. Le développement important des techniques de séquençage depuis le début du XXIe siècle a permis de contourner ces problèmes en fournissant des données sur ces organismes. C'est ainsi que le génome d'un organisme représentant pratiquement l'unique espèce présente dans une mine d'or a été reconstitué par une approche de génomique environnementale. Cette bactérie, dénommée *Candidatus Desulforudis audaxviator*, est capable de fixer l'azote et le carbone en utilisant une machinerie similaire à celle des Archées (Chivian *et al.*, 2008). Par ailleurs, à partir de cultures enrichies réalisées en conditions anaérobies, l'analyse de données métagénomiques a aussi conduit à la reconstruction de bactéries comme *Kuenenia stuttgartiensis* (Strous *et al.*, 2006) ou *Candidatus Nitrospira defluvii* (Lücker *et al.*, 2010), impliquées respectivement dans l'oxydation de l'ammonium au niveau océanique ou dans celle du nitrite dans les boues activées des stations d'épuration. Enfin, de nombreux génomes de micro-organismes symbiotiques non cultivés ont été publiés, comme *Buchnera aphidicola* ou *Wigglesworthia glossinidia*, présentant parfois un génome de taille très réduite comme *Candidatus Carsonella ruddii* ou *Candidatus Tremblaya princeps* (McCutcheon et Moran, 2011). Ces bactéries sont décrites comme symbiotes, respectivement, du puceron, de la mouche Tsé-Tsé, du psylle de la pomme de terre et de la cochenille *Pseudococcus citri*.

Communautés microbiennes complexes

Au-delà de l'approche centrée sur tel ou tel organisme, l'avènement de la méta-génomique a permis l'émergence d'une vision globale de l'ensemble des représentants des communautés microbiennes, ou du moins d'une partie d'entre eux puisque leur complexité varie de 2-3 taxons quand la source d'énergie est pauvre (par exemple les milieux minéraux) à des milliers de taxons lorsque de nombreuses molécules carbonées sont présentes (par exemple le sol ou l'océan). La génomique environnementale permet maintenant d'aborder les organismes colonisant un écosystème en les considérant comme un ensemble d'éléments agissant au sein d'un réseau complexe d'interactions. Cet aspect est fondamental dans la compréhension des mécanismes biologiques puisque aucun système vivant ne peut se réduire à une quelconque famille de gènes exprimés à l'un ou l'autre moment (Bertin *et al.*, 2008). Des questions telles que : « Quels sont les organismes présents ? », « Quelles fonctions métaboliques sont impliquées dans les biotransformations et à quels organismes peuvent-elles être attribuées ? » ou encore « Quelles sont les interactions entre les partenaires et leur conséquence dans le fonctionnement de l'écosystème considéré ? » peuvent désormais être abordées sous un angle moléculaire. À ce jour, malgré les multiples difficultés relatives notamment à l'échantillonnage, l'assemblage, ou l'annotation (Teeling et Glöckner, 2012 ; Thomas *et al.*, 2012), plus de 650 projets et 35 000 échantillons sont référencés dans les bases de données publiques consacrées à la métagénomique.

En utilisant de telles approches, des biotopes comme les rejets de mine ou la peau d'un ver marin ont permis d'obtenir des génomes complets ou presque de plusieurs organismes présents dans ces écosystèmes. Le métagénome du premier (Tyson *et al.*, 2005) a ainsi produit les génomes de *Leptospirillum* sp. et de *Ferroplasma* sp., deux bactéries chimiolithotrophes qui requièrent habituellement des techniques culturales complexes (Matsumoto *et al.*, 2000). Dans le second, quatre génomes de bactéries, dont deux complets, ont été caractérisés en explorant la flore de surface du ver marin *Olivius algarvensis,* qui ne possède ni bouche, ni intestin, ni anus. L'analyse des génomes suggère l'existence d'une interdépendance entre le ver et les bactéries mais aussi entre les bactéries elles-mêmes. En effet, l'une des bactéries semble utiliser les composés soufrés présents dans les sédiments et rejette du sulfate qui est utilisé par l'autre. Les deux bactéries possèdent en outre des enzymes leur permettant d'utiliser les déchets du ver et de lui fournir en retour des acides aminés. En échange, le ver, en se déplaçant, garantit l'accessibilité aux sédiments marins sulfurés (Woyke *et al.*, 2006).

L'introduction des méthodes moléculaires a également transformé la vision généralement admise concernant le rôle de certains groupes de micro-organismes dans le fonctionnement des écosystèmes. Le séquençage de plusieurs métagénomes a ainsi montré que la présence des Archées n'était pas uniquement restreinte aux environnements extrêmes mais que ces micro-organismes étaient largement répartis dans de nombreux écosystèmes marins et terrestres. Récemment, le génome de représentants de nouvelles lignées a pu être assemblé à partir de données métagénomiques obtenues non seulement de tapis microbiens issus de sources chaudes (Kozubal *et al.*, 2013), mais aussi d'échantillons prélevés à la surface de l'océan (Iverson *et al.*, 2012), illustrant la diversité des métabolismes, y compris énergétiques, présents au sein de cette branche du vivant.

Néanmoins, si les méthodes moléculaires permettent d'identifier des gènes, une meilleure connaissance des organismes passe souvent par des études physiologiques effectuées sur des espèces cultivées. En identifiant des gènes, la génomique peut permettre de préciser les voies métaboliques existantes, ou au contraire manquantes, qui permettront de cultiver la souche d'intérêt et de la sélectionner par rapport aux autres présentes dans l'écosystème. Cette stratégie a été utilisée pour isoler la souche *Leptospirillum ferrodiazotrophum*, dont l'étude métagénomique avait montré qu'elle était la seule capable de fixer l'azote dans un rejet de mine acide (Tyson *et al.*, 2005). Un autre exemple concerne la découverte d'Archées nitrifiantes (Schleper *et al.*, 2005). Des travaux sur le métagénome de la mer des Sargasses (Venter *et al.*, 2004) avaient en effet permis d'identifier l'existence sur un même brin d'ADN d'un gène ribosomique d'Archées et de celui codant pour l'ammonium mono-oxygénase, une des enzymes clé de la nitrification. La première Archée nitrifiante a ensuite été isolée et son étude physiologique a montré que la fonction était bel et bien exprimée (Könneke *et al.*, 2005). De plus, comme les premiers projets de séquençage l'avaient montré chez les organismes de référence comme *Escherichia coli* ou *Bacillus subtilis* (Blattner *et al.*, 1997 ; Kunst *et al.*, 1997), la part des gènes de fonction inconnue dans les métagénomes est parfois proche de 50 %. Cette observation justifie alors le recours à des méthodes de génomique fonctionnelle permettant d'ouvrir la voie à la découverte de nouvelles activités métaboliques. Des pans entiers de la physiologie des organismes restent donc encore à découvrir. Ainsi, au lieu d'étudier individuellement les gènes, les protéines ou les produits du métabolisme, les profils des communautés peuvent maintenant être dressés globalement par des approches comme la métatranscriptomique, la métaprotéomique ou la métabolomique (Bertin *et al.*, 2008 ; Simon et Daniel, 2011 ; Arsène-Ploetze *et al.*, 2012).

L'exemple des écosystèmes arséniés

Si l'on considère le cas particulier des écosystèmes contaminés par l'arsenic, plusieurs études de génomique environnementale ont été publiées ces dernières années : le biofilm acide de la mine de Richmond (Tyson *et al.*, 2005), la communauté microbienne d'un drainage minier riche en arsenic (Bertin *et al.*, 2011) et, plus récemment, la comparaison de sédiments méditerranéens polycontaminés (Plewniak *et al.*, 2013). Le premier travail, outre la caractérisation des deux souches microbiennes dominantes, a montré que des *Leptospirillum* appartenant à la même espèce et avec moins de 1 % de divergence au niveau des séquences nucléotidiques (représentant donc deux écotypes) coexistent dans le même écosystème. Au niveau physiologique, cette diversité génétique peut conduire à une diversité fonctionnelle, puisque ces souches peuvent jouer des rôles différents. En effet, dans les milieux anthropisés comme les drainages miniers qui sont fortement contaminés par des éléments toxiques, les différents groupes génotypiques, qui ont diversement évolué dans le temps et l'espace, sont capables d'exprimer des voies métaboliques différentes, sans exercer entre eux une forte concurrence (Simmons *et al.*, 2008 ; Denef *et al.*, 2010 ; Wilmes *et al.*, 2010). La deuxième étude a permis la description complète de plusieurs micro-organismes dominants impliqués dans l'atténuation naturelle de l'écosystème (Bertin *et al.*, 2011). Exercées par des organismes différents, les activités microbiennes identifiées se traduisent par une réduction importante de la concentration en arsenic résultant de son oxydation suivie de sa coprécipitation avec le fer et le soufre. L'analyse des données métagénomiques a conduit à l'identification des gènes impliqués dans ces fonctions, en particulier les gènes *aio* codant pour l'arsénite oxydase et *rus* codant pour la rusticyanine, respectivement chez les bactéries du genre *Thiomonas* et *Acidithiobacillus*.

De plus, la comparaison entre ces deux écosystèmes très différents a révélé des différences majeures dans la structure et le fonctionnement de ces communautés microbiennes, non seulement en ce qui concerne le métabolisme des métaux, mais aussi la présence de micro-organismes non cultivés impliqués dans le recyclage des composés organiques. Ainsi, la diversité microbienne de l'écosystème Carnoulès (Bertin *et al.*, 2011 ; Bruneel *et al.*, 2011) est de loin supérieure à celle de la mine de Richmond (Tyson *et al.*, 2005). Les données génomiques ont également permis la caractérisation de variants génétiques d'un nouveau phylum dénommé *Candidatus Fodinabacter comunificans*, qui semble exercer à Carnoulès un rôle indirect mais important dans le processus d'atténuation de l'arsenic. En effet, ces souches possèdent les gènes nécessaires au recyclage des matières organiques comme les acides aminés ou les nucléosides provenant notamment de micro-organismes eucaryotes présents sur le site (Halter *et al.*, 2012). De plus, d'autres gènes sont supposés assurer la fourniture de cofacteurs comme les vitamines à d'autres membres de la communauté. Ainsi, ces micro-organismes peuvent favoriser la croissance d'espèces telles que *Thiomonas* sp. et *Acidithiobacillus* sp., qui sont quant à elles directement impliquées dans la bio-transformation des éléments métalliques, dont l'arsenic.

La troisième étude s'est attachée à comparer les potentialités des communautés bactériennes dans les sédiments de deux ports méditerranéens situés près de Marseille et de Toulon (Plewniak *et al.*, 2013). Ces sites polycontaminés par de l'arsenic, des métaux lourds et des hydrocarbures présentent une diversité microbienne bien plus importante que les drainages miniers acides. Comme de telles communautés complexes ne permettent pas d'obtenir une couverture de séquençage suffisante pour procéder à un assemblage *de novo* des génomes, elles ont donc été traitées ensemble à l'échelle du gène. De plus, si on excepte des concentrations en arsenic significativement différentes, les deux sites présentent des profils de pollution très similaires. Il est donc plus que probable que les réponses des communautés microbiennes interfèrent et masquent partiellement les différences dues à la réponse à l'arsenic, rendant impossible l'élaboration d'un modèle complet de fonctionnement par une comparaison directe des deux sites. Aussi, des données métagénomiques disponibles dans les banques de données publiques ont été utilisées en guise de contrôles, d'une part pour mieux contraster les deux métagénomes d'intérêt, d'autre part pour permettre de séparer les processus communs associés aux conditions particulières rencontrées des processus ubiquitaires qui ne sont pas affectés par ces mêmes conditions. Le choix des métagénomes de contrôle s'est donc avéré primordial dans la mesure où ils devaient présenter des caractéristiques suffisamment proches (environnements marins, même méthode de séquençage...) pour ne pas introduire de biais majeurs sans toutefois présenter des taux de pollution significatifs. Cette analyse globale a permis d'identifier des différences entre les deux sites au niveau du cycle du soufre et des métabolismes associés. Une analyse ciblée des marqueurs de séquences spécifiques des bactéries métabolisant le soufre a mis en évidence une correspondance entre la sulfato-réduction biotique et la production abiotique de composés thioarseniés très solubles. Associés à la réduction de l'arséniate et à la fermentation, ces processus seraient susceptibles d'expliquer la plus grande mobilité de l'arsenic observée sur le site plus fortement contaminé en favorisant la dispersion de l'arsenic dans la colonne d'eau.

Conclusion et perspectives

Situées à l'interface entre biologie moléculaire et écologie, les techniques basées sur le séquençage d'ADN génomique environnemental permettent de dépasser le stade de la description d'une simple cellule pour tendre vers la caractérisation de communautés complexes. Associées à des approches fonctionnelles globales (métatranscriptomique, métaprotéomique, métabolomique), ces techniques devraient accroître notre compréhension du fonctionnement des écosystèmes, notamment en prenant en compte les organismes qui s'avèrent récalcitrants à l'isolement en culture pure. De plus, la profondeur de séquençage offerte par ces nouvelles technologies permet de considérer non seulement les espèces qualifiées de cryptiques au sein de complexes spécifiques (la diversité infraspécifique), mais aussi les espèces moins représentées dans l'écosystème (la biosphère rare). Conjuguées à une indispensable expérimentation en laboratoire et sur le terrain, de telles approches requièrent non seulement le développement de méthodes d'échantillonnage et d'extraction efficaces et reproductibles, mais aussi de bases de données et de méthodes permettant le stockage, l'échange et l'analyse de ces données. De plus, pour que les comparaisons soient pertinentes, il est indispensable que ces bases de données comportent aussi, associées aux données de séquençage, des données complémentaires (métadonnées), qui en permettent l'exploitation (Satinsky *et al.*, 2013). Le *Genomic Standard Consortium* a proposé un ensemble minimal de métadonnées, appelé *Minimum Information about a (Meta)Genome Sequence* (MIGS/MIMS), qui devraient être collectées pour chaque métagénome (Yilmaz *et al.*, 2011). Pour les études environnementales, ce standard concerne aussi bien les méthodes expérimentales, les dates de prélèvement et la géolocalisation que les paramètres géochimiques du site. Ce standard a été adopté par la banque *Sequence Read Archive* (SRA ; Leinonen *et al.*, 2010) et des portails tels que *Genomes Online Database* (GOLD ; Pagani *et al.*, 2012) ou *EBI Metagenomics* (https://www.ebi.ac.uk/metagenomics/). Bien que l'ensemble des informations complémentaires ne soit pas obligatoirement renseigné, cet accès libre aux données de plus de 500 projets spécifiques de métagénomique environnementale rend maintenant possible la comparaison des données d'un grand nombre de métagénomes dans des méta-analyses multifactorielles sur la base de leurs métadonnées.

La mise à disposition de la communauté scientifique de telles données offre donc une opportunité sans précédent d'étudier et de comprendre comment les divers composants d'un écosystème fonctionnent ensemble, en relation avec les facteurs biotiques et abiotiques de l'environnement, dépassant ainsi largement l'établissement de simples inventaires d'objets biologiques. Une meilleure connaissance des organismes impliqués, de leur distribution spatiale et temporelle, des processus adaptatifs et évolutifs qui opèrent, et des interactions métaboliques qu'ils développent devrait ainsi fournir une image intégrée des communautés biologiques étudiées et permettre le cas échéant une utilisation optimale de leurs propriétés en favorisant, par le développement de modèles prédictifs, les aspects bénéfiques au détriment des effets non souhaités.

Références bibliographiques

Amann R.I., Ludwig W., Schleifer K.H., 1995. Phylogenetic identification and *in situ* detection of individual microbial cells without cultivation. *Microbiol. Rev.*, 59, 143-169.

Arsène-Ploetze F., Carapito C., Plewniak F., Bertin P.N., 2012. Proteomics as a tool for the characterization of microbial isolates and complex communities, *In: Proteomic Applications in Biology* (Heazlewood J., Petzold C.J., eds), pp. 69-92.

Bertin P.N., Médigue C., Normand P., 2008. Avances in environmental genomics: towards an integrated view of micro-organisms and ecosystems. *Microbiology*, 154, 347-359.

Bertin P.N., Heinrich-Salmeron A., Pelletier E., Goulhen-Chollet F., Arsène-Ploetze F., Gallien S., *et al.*, 2011. Metabolic diversity among main microorganisms inside an arsenic-rich ecosystem revealed by meta- and proteo-genomics. *ISME J.*, 5, 1735-1747.

Blattner F.R., Plunkett G., Bloch C.A., Perna N.T., Burland V. Riley M., Collado-Vides J., Glasner J.D., Rode C.K., Mayhew G.F., Gregor J., Davis N.W., Kirkpatrick H.A., Goeden M.A., Rose D.J., Mau B., Shao Y., 1997. The complete genome sequence of *Escherichia coli* K-12. *Science*, 5, 1453-1474.

Bruneel O., Volant A., Gallien S., Chaumande B., Casiot C., Carapito C., Bardil A., Morin G., Brown Jr G.E., Personné C.J., Le Paslier D., Schaeffer C., Van Dorsselaer A., Bertin P.N., Elbaz-Poulichet F., Arsène-Ploetze F., 2011. Characterization of the active bacterial community involved in natural attenuation processes in arsenic-rich creek sediments. *Microb. Ecol.*, 61, 793-810.

Chivian D., Brodie E.L., Alm E.J., Culley D.E., Dehal P.S., DeSantis T.Z., *et al.*, 2008. Environmental genomics reveals a single-species ecosystem deep within earth. *Science*, 322, 275-278.

Denef V.J., Mueller R.S., Banfield J.F., 2010. AMD biofilms: using model communities to study microbial evolution and ecological complexity in nature. *ISME J.*, 4, 599-610.

Ferrer M., Beloqui A., Timmis K.N., Golyshin P.N., 2009. Metagenomics for mining new genetic resources of microbial communities. *J. Mol. Microbiol. Biotechnol.*, 16, 109-123.

Halter D., Goulhen-Chollet F., Gallien S., Casiot C., Hamelin J., Gilard F., Heintz D., Schaeffer C., Carapito C., Van Dorsselaer A., Tcherkez G., Arsène-Ploetze F., Bertin P.N., 2012. *In situ* proteo-metabolomics revealed metabolite secretion by the acid mine drainage bioindicator, *Euglena mutabilis. ISME J.*, 6, 1391-1402.

Healey F.G., Ray R.M. Aldrich H.C., Wilkie A.C., Ingram L.O., Shanmugam K.T., 1995. Direct isolation of functional genes encodingcellulases from the microbial consortia in a thermophilic, anaerobic digester maintained on lignocellulose. *Appl. Microbiol. Biotechnol.*, 43, 667-674.

Iverson V., Morris RM., Frazar C.D., Berthiaume C.T., Morales R.L., Armbrust E.V., 2012. Untangling genomes from metagenomes: Revealing an uncultured class of marine Euryarchaeota. *Science*, 335, 587-590.

Könneke M., Bernhard A.E., de la Torre J.R., Walker C.B., Waterbury J.B., Stahl D.A., 2005. Isolation of an autotrophic ammonia-oxidizing marine archaeon. *Nature*, 7058, 543-546.

Kozubal M.A., Romine M., de M. Jennings R., Jay Z.J., Tringe S.G., Rusch D.B., Beam J.P., McCue L.A., Inskeep W.P., 2013. Geoarchaeota: a new candidate phylum in the Archaea from high-temperature acidic iron mats in Yellowstone National Park. *ISME J.*, 7, 622-634.

Kunst F., Ogasawara N., Moszer I., Albertini A.M., Alloni G., Azevedo V., *et al.*, 1997. The complete genome sequence of the Gram-positive bacterium *Bacillus subtilis. Nature*, 390, 249-256.

Leinonen R., Sugawara H., Shumway M., 2010. The Sequence Read Archive. *Nucleic Acids Res.*, 39, D19-D21.

Lücker S., Wagner M., Maixner F., Pelletier E., Koch H., Vacherie B., Rattei T., Sinninghe Damsté J.S., Spieck E., Le Paslier D., Daims H., 2010. A *Nitrospira* metagenome illuminates the physiology and evolution of globally important nitrite-oxidizing bacteria. *Proc. Natl Acad. Sci. USA*, 107, 13479-13484.

Matsumoto N., Yoshinaga H., Ohmura N., Ando A., Saiki H., 2000. High density cultivation of two strains of iron-oxidizing bacteria through reduction of ferric iron by intermittent electrolysis. *Biotechnol. Bioeng.*, 70, 464-466.

McCutcheon J.P., Moran N.A., 2011. Extreme genome reduction in symbiotic bacteria. *Nat. Rev. Microbiol.*, 10, 13-26.

Pagani I., Liolios K., Jansson J., Chen I.-M.A., Smirnova T., Nosrat B. Markowitz V.M., Kyrpides N.C., 2012. The Genomes OnLine Database (GOLD) v.4: status of genomic and metagenomic projects and their associated metadata. *Nucleic Acids Res.*, 40, D571-D579.

Plewniak F., Koechler S., Navet B., Dugat-Bony E., Bouchez O., Peyret P., Séby F., Battaglia-Brunet F., Bertin P.N., 2013. Metagenomic insights into microbial metabolism affecting arsenic dispersion in Mediterranean marine sediments. *Mol. Ecol.*, 22, 4870-4883.

Satinsky B.M., Gifford S.M., Crump B.C., Moran M.A., 2013. Use of internal standards for quantitative metatranscriptome and metagenome analysis. *Methods Enzymol.*, 531, 237-250.

Schiraldi C., De Rosa M., 2002. The production of biocatalysts and biomolecules from extremophiles. *Trends Biotechnol.*, 20, 515-521.

Schleper C., Jurgens G., Jonuscheit M., 2005. Genomic studies of uncultivated archaea. *Nat. Rev. Microbiol.*, 3, 479-488.

Simmons S.L., DiBartolo G., Denef V.J., Aliaga Goltsman D.S., Thelen M.P., Banfield J.F., 2008. Population genomic analysis of strain variation in *Leptospirillum* group II bacteria involved in acid mine drainage formation. *PLoS Biol.*, 6, e177.

Simon C., Daniel R., 2011. Metagenomic analyses: Past and future trends. *Appl. Environ. Microbiol.*, 77, 1153-1161.

Strous M., Pelletier E., Mangenot S., Rattei T., Lehner A., Taylor M.W., *et al.*, 2006. Deciphering the evolution and metabolism of an anammox bacterium from a community genome. *Nature*, 440, 790-794.

Teeling H., Glöckner F.O., 2012. Current opportunities and challenges in microbial metagenome analysis - a bioinformatic perspective. *Brief. Bioinfor.*, 13, 728-742.

Thomas T., Gilbert J., Meyer F., 2012. Metagenomics - a guide from sampling to data analysis. *Microb. Infor. Exper.*, 2, 3.

Tyson G.W., Lo I., Baker B.J., Allen E.E., Hugenholtz P., Banfield J.F., 2005. Genome-directed isolation of the key nitrogen fixer *Leptospirillum ferrodiazotrophum* sp. nov. from an acidophilic microbial community. *Appl. Environ. Microbiol.*, 71, 6319-6324.

Venter J.C., Remington K., Heidelberg J.F., Halpern A.L., Rusch D., Eisen J.A., *et al.*, 2004. Environmental genome shotgun sequencing of the Sargasso Sea. *Science*, 304, 66-74.

Wilmes P., Bowen B.P., Thomas B.C., Mueller R.S., Denef V.J., VerBerkmoes N.C., Hettich R.L., Northen T.R., Banfield J.F., 2010. Metabolome-proteome differentiation coupled to microbial divergence. *MBio*, 1, e00246-10.

Woyke T., Teeling H., Ivanova N.N., Huntemann M., Richter M. Gloeckner O.F., Boffelli D., Anderson I.J., Barry K.W., Shapiro H.J., Szeto E., Kyrpides N.C., Mussmann M., Amann R., Bergin C., Ruehland C., Rubin E.M., Dubilier N., 2006. Symbiosis insights through metagenomic analysis of a microbial consortium. *Nature*, 443, 950-955.

Yilmaz P., Kottmann R., Field D., Knight R., Cole J.R., Amaral-Zettler L., *et al.*, 2011. Minimum information about a marker gene sequence (MIMARKS) and minimum information about any (x) sequence (MIxS) specifications. *Nat. Biotechnol.*, 29, 415-420.

8

Microbiomes de la phyllosphère

Françoise Bringel, Ivan Couée

Introduction

La phyllosphère, constituée par les parties aériennes des plantes et en majeure partie de feuilles photosynthétiques, représente l'un des habitats microbiens les plus répandus sur la Terre. L'étude du microbiome de surface de la phyllosphère permet d'explorer les mécanismes qui régissent l'interface entre les plantes, le compartiment microbien et l'atmosphère, aussi bien en milieu naturel qu'en milieu agricole ou anthropisé. Pour les micro-organismes épiphytes, vivant à la surface des plantes, la phyllosphère constitue un habitat extrême et instable, oligotrophe, pauvre en nutriments carbonés et azotés et soumis à des stress multiples (rayonnement lumineux, rayonnement UV, température, dessiccation). Avec les méthodes de séquençage à haut débit, certains verrous ont pu être levés, ce qui offre l'opportunité inédite de caractériser la variabilité de la composition et de la structure du microbiome phyllosphérique en fonction des caractéristiques de la plante-hôte (génotype, anatomie, état physiologique, distribution biogéographique) et des paramètres abiotiques environnementaux comme le climat et la composition de l'air environnant (composés organiques volatils, polluants). Ce chapitre est dédié aux apports qu'offre la métagénomique à l'étude des microbiomes de phyllosphère, aux limites de ces approches et au vaste champ de perspectives ainsi ouvert dans les domaines fondamental et appliqué.

La phyllosphère, un habitat extrême
pour les micro-organismes

Les communautés microbiennes, sur ou autour des plantes, jouent un rôle central dans le fonctionnement et la vigueur des plantes. Les communautés localisées autour des racines, au niveau de la rhizosphère, sont les plus étudiées et les mieux caractérisées car elles sont directement impliquées dans la productivité agricole du fait de leurs rôles dans la bioaccessibilité des nutriments minéraux. Néanmoins, si l'on considère l'environnement des parties aériennes, qui constitue la phyllosphère, l'ensemble des surfaces inférieures et supérieures des feuilles sur la Terre est estimé à 10^9 km^2 pouvant abriter 10^{26} cellules bactériennes (Vorholt,

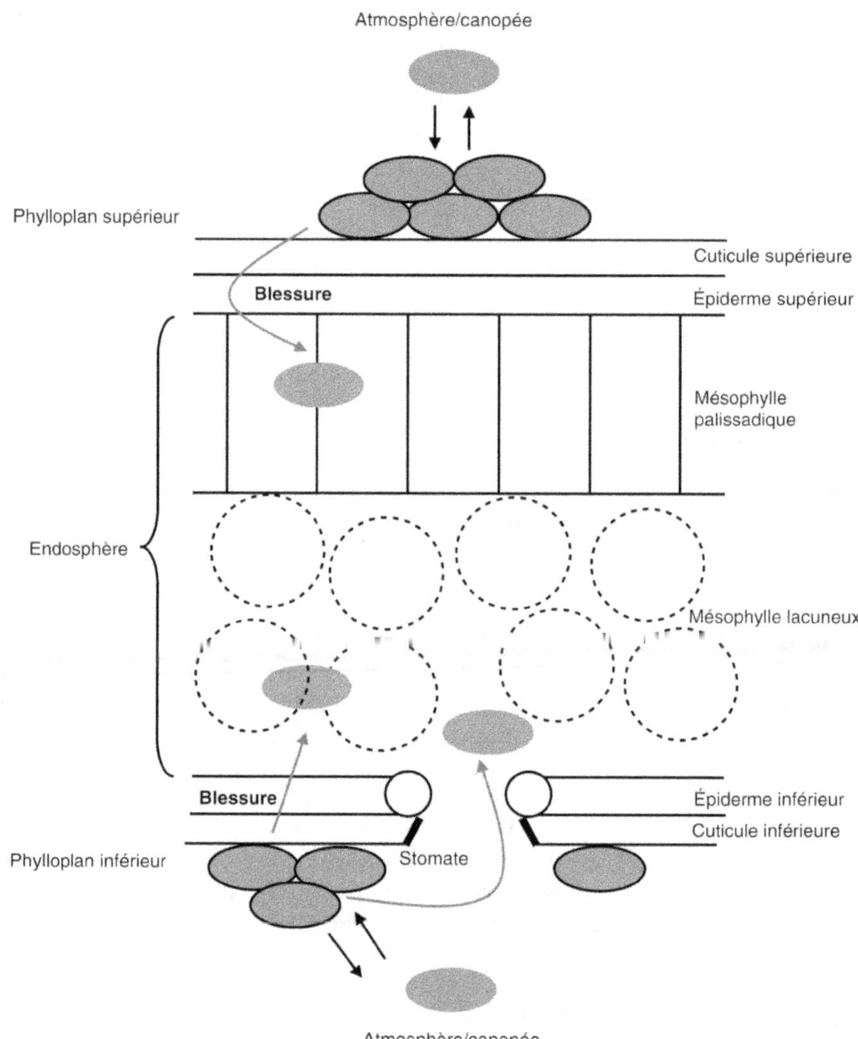

Figure 8.1. Structure générale de la phyllosphère et du phylloplan au niveau des feuilles.

Les interactions entre les micro-organismes épiphytes (ellipses grisées entourées d'une bordure noire) et les structures foliaires sont représentées sur une coupe transversale schématique. Les caractéristiques du phylloplan supérieur ou inférieur au niveau de la feuille modulent les interactions avec les micro-organismes épiphytes, notamment en donnant plus ou moins accès aux nutriments excrétés par les tissus foliaires ou rendus disponibles lors de blessure, en donnant plus ou moins de protection vis-à-vis des rayonnements solaires, ou en présentant des voies d'entrée vers l'endosphère de la plante-hôte.

2012) et constitue une porte d'entrée d'organismes phytopathogènes, qui, pour coloniser la plante, doivent non seulement faire face aux défenses de la plante, mais aussi affronter la compétition des micro-organismes résidants. En nombre bien moindre que les bactéries, les champignons associés à la phyllosphère peuvent jouer néanmoins des rôles essentiels, par exemple dans les interactions avec les champignons pathogènes ou dans la décomposition des litières végétales (Voříšková et Baldrian, 2013). Quant aux archées, il semble qu'elles soient très minoritaires dans la phyllosphère et plutôt impliquées dans l'écosystème de la rhizosphère (Knief *et al.*, 2012). Les microbiomes des plantes, et en particulier les microbiomes de phyllosphère, offrent un champ d'étude remarquable pour explorer les processus d'assemblage et de persistance des communautés microbiennes dans la nature.

Plusieurs articles de synthèse récents (Kowalchuk *et al.*, 2007 ; Vorholt, 2012 ; Turner *et al.*, 2013) ont décrit les singularités de la vie microbienne associée à la phyllosphère, en particulier dans le cas du phylloplan foliaire (figure 8.1). Les surfaces foliaires forment en effet en soi un ensemble très complexe de micro-environnements de structures spatiales (bi- et tridimensionnelles) hétérogènes.

Les micro-organismes épiphytes — vivant à la surface des plantes — doivent s'adapter aux conditions fluctuantes du cycle des saisons, à l'alternance jour/nuit, et aux fluctuations de la dynamique développementale, morphologique et anatomique de la plante (du bourgeon à la feuille sénescente, de la fleur au fruit). Par exemple, les fluctuations nychthémérales ont pour effet de moduler le profil des métabolites disponibles pour la croissance des micro-organismes épiphytes. Les métabolites de la plante (glucides, polyols, acides aminés, amines, composés volatils comme des isoprènes, des composés halogénés ou des alcools, etc.) ainsi que l'eau ne sont pas directement disponibles pour les micro-organismes épiphytes. En effet, la surface des feuilles est protégée par la cuticule de nature lipidique qui limite fortement l'évaporation et la dispersion des métabolites. Il en résulte un habitat oligotrophe pauvre en sources de carbone et d'azote. De plus, le microbiome de phyllosphère est soumis à de multiples stress qui peuvent varier très rapidement lors de lessivages, de changements de température, de variations d'ensoleillement, avec une production plus ou moins forte d'espèces réactives de l'oxygène et donc un stress oxydatif plus ou moins intense. Certains arbres adaptés aux conditions désertiques excrètent des solutés qui rendent la surface des feuilles alcaline et salée, ce qui peut générer pour le microbiome un stress salin et parfois alcalin (Finkel *et al.*, 2012).

Les mécanismes d'adaptation aux conditions de vie dans la phyllosphère sont variés. Les micro-organismes épiphytes peuvent développer des capacités de tolérance ou de résistance aux métabolites antimicrobiens produits par la plante ou par d'autres micro-organismes. Ils peuvent développer des capacités de formation d'agrégats, ou de production d'exopolysaccharides pour mieux adhérer et pour se protéger de la dessiccation. Ils peuvent aussi produire des phytohormones comme l'acide indole-3-acétique, qui favorise le relargage de nutriments par relâchement de la paroi végétale (Delmotte *et al.*, 2009 ; Vorholt, 2012). La compréhension de ces mécanismes adaptatifs reste cependant à l'heure actuelle incomplète.

Premières études métagénomiques

L'étude des communautés microbiennes de phyllosphère (Ruinen, 1961 ; Hirano et Upper, 2000 ; Schreiber *et al.*, 2004) est depuis peu en profond renouvellement par la mise en œuvre d'approches de séquençage en masse dites cultures-indépendantes (ne passant pas par des étapes de cultures préalables), chez un nombre croissant d'espèces et de variétés végétales dépassant largement le cadre du strict intérêt agricole. Le tableau 8.1 donne une liste de microbiomes de phyllosphère dont l'analyse moléculaire haut débit a été publiée et indique succinctement les points majeurs des résultats obtenus pour chaque étude. Il est à noter que ces études s'appuient pour la plupart sur un séquençage en masse d'ADN amplifié par PCR de marqueurs taxonomiques conservés (16S rRNA pour les bactéries ; régions ribosomiques ITS pour les levures), et rarement de marqueurs de fonction biologique (gènes essentiels liés à un métabolisme, un processus de régulation ou une adaptation). Très peu d'études publiées s'appuient sur un séquençage direct d'ADN métagénomique (tableau 8.1).

Tableau 8.1. Analyses moléculaires haut débit des communautés microbiennes de phyllosphère : du séquençage direct de l'ADN au séquençage de marqueurs taxonomiques des procaryotes et des eucaryotes.

Plante-hôte	Cible de séquençage[a]	Conclusions de l'étude	Citation
Soja (*Glycine max*)	ADN métagénomique (861 Mpb)	L'analyse métagénomique de phyllosphère de feuille de soja a été faite dans le cadre élégant et original d'une étude fonctionnelle de type protéogénomique pour des feuilles de soja, trèfle (*Trifolium repens*) et de la plante modèle (*Arabidopsis thaliana*). Pour les trois plantes, les données de phylogénie basées sur l'ADN et sur les protéines coïncident. Parmi les communautés bactériennes majoritaires figurent les Alphaprotéobactéries dont deux genres sont prédominants. *Methylobacterium* exprime des protéines impliquées dans l'utilisation du méthanol produit par les plantes comme seule source de carbone et d'énergie. *Sphingomonas* exprime en abondance des récepteurs de type TonB impliqués dans le transport de glucides présents dans la phyllosphère.	Delmotte *et al.*, 2009
Riz cultivé (*Oryza sativa*)	ADN métagénomique (831 Mpb)	Métagénomique et métaprotéomique comparées des microbiomes de la phyllosphère et de la rhizosphère ont été réalisées. La complexité et la composition du microbiome du cultivar IR-72 sont distinctes de celles de 2 autres cultivars (PSB, RC80). Les communautés majoritaires de la phyllosphère sont affiliées aux Alphaprotéobactéries (*Methylobacterium*, et *Rhizobium/Agrobacterium*) et aux Actinobactéries.	Knief *et al.*, 2011, 2012

...

Plante-hôte	Cible de séquençage[a]	Conclusions de l'étude	Citation
		L'approche métaprotéomique a permis de mettre en évidence une abondance de protéines du métabolisme méthanogène et méthanotrophe dans la rhizosphère alors que des protéines du métabolisme méthylotrophe sont présentes dans la phyllosphère.	
Tamarix (*Tamarix lotica*)	ADN métagénomique (448 Mpb)	Le métagénome du microbiome de feuilles a été comparé à des métagénomes de microbiomes associés à d'autres plantes et habitats (sols, eaux douces ou salées) pour la mise en évidence de la capacité d'épiphytes microbiens à exprimer la rhodopsine et leur permettre ainsi d'utiliser les radiations solaires comme source d'énergie.	Atamna-Ismaeel *et al.*, 2012a
Tomate (*Solanum lycopersicum*)	ADNr 16S (région V4) et 18S	Une cartographie du microbiome selon les parties anatomiques de la plante (fleur, fruit, tige, racine, et feuilles) a été effectuée. Les micro-organismes épiphytes les plus fréquemment rencontrés sont des bactéries du genre *Pseudomonas* et *Xanthomonas* et des champignons du genre *Hypocrea*, *Aureobasidium* et *Cryptococcus*.	Ottesen *et al.*, 2013
Arbres tropicaux[b]	ADNr 16S (régions V1-V3)	Pour chaque espèce d'arbre (six espèces indigènes de la forêt tropicale humide en Malaisie), une communauté bactérienne foliaire unique est associée, distincte de celle trouvée dans le sol avoisinant. Présence abondante (17 %) d'Acidobactéries.	Kim *et al.*, 2012
Arbres[c]	ADNr 16S	La composition des communautés bactériennes est plus similaire pour des feuilles issues d'arbres phylogénétiquement proches (dix espèces sur un même campus nord-américain, sauf pour *Pinus ponderosa*, prélevé sur des continents différents).	Redford *et al.*, 2010
Épinard	ADNr 16S	Inventaire de la diversité bactérienne associée aux feuilles d'épinards selon le mode de conservation.	Lopez-Velasco *et al.*, 2011
Laitue cultivée (*Lactuca sativa*)	ADNr 16S (régions V5-V6-V7)	Les microbiomes de 88 échantillons de surface foliaire de laitues ont été comparés sur deux saisons. Les Entérobactéries sont plus abondantes en été qu'en hiver. La variabilité de composition du microbiome augmente avec la distance dans le champ de culture. Les genres bactériens dominants incluent *Pseudomonas*, *Bacillus*, *Massilia*, *Arthrobacter* et *Pantoea*.	Rastogi *et al.*, 2012
Pommier	ADNr 16S (région V4)	Une cartographie des communautés bactériennes à différents stades de développement de la vie de la fleur avec ou sans exposition à la streptomycine a mis en évidence la présence de deux phyla remarquables : TM7 et *Deinococcus-Thermus*.	Shade *et al.*, 2013

Plante-hôte	Cible de séquençage[a]	Conclusions de l'étude	Citation
Tamarix (*Tamarix aphylla*)	ADNr 16S (régions V4-V6)	Les différences entre communautés bactériennes, notamment des Bétaprotéobactéries, sont corrélées à la distance géographique dans un écosystème stable, le désert de Sonora aux États-Unis.	Finkel *et al.*, 2012
Chêne rouvre (*Quercus petraea*)	Levures (ITS) et gène cbhI	Deux mois avant la chute des feuilles, la mycoflore présente une communauté diverse de levures impliquées dans la première phase de décomposition des feuilles. Au niveau de la litière, les communautés fongiques se succèdent rapidement sans lien apparent avec la diversité observée pour le gène *cbhI* codant la cellulobiohydrolase jusqu'alors considéré comme un bon marqueur de la dégradation de la cellulose.	Voříšková et Baldrian, 2013
Chêne (*Quercus macrocarpa*)	Levures (ITS)	Les communautés de levures des feuilles varient d'une saison à une autre et selon l'environnement urbain ou non urbain.	Jumpponen et Jones, 2010
Hêtre commun (*Fagus sylvatica*)	Levures (ITS1)	La structure des communautés fongiques foliaires est modulée par le gradient d'altitude (température).	Cordier *et al.*, 2012
Peuplier (*Populus balsamifera*)	Levures (ITS)	La présence de communautés de levures est associée au génotype de l'hôte, de manière stable au cours de deux périodes végétatives et de deux translocations clonales.	Bálint *et al.*, 2013

[a] Pyroséquençage 454 de produits d'amplification de gène codant l'ADNr 16S des bactéries, 18S d'eucaryotes (principalement des levures), et/ou la région ITS (*Internal Transcribed Spacer*) des levures.
[b] *Arytera littoralis, Dillenia excelsa, Dyera costulata, Gnetum sp., Schizostachyum brachycladum, Shorea maxima.*
[c] *Acer platanoides, Abies concolor, Aesculus hippocastanum, Catalpa speciosa, Celtis occidentalis, Cercis canadensis, Fraxinus pennsylvanica, Picea pungens, P. flexilis, Tilia americana.*

Un des objectifs de l'analyse des données métagénomiques des microbiomes de phyllosphère est de corréler la composition (quelle espèce est présente ?) et la structure (quelle est l'abondance relative de chaque taxon ?) des communautés microbiennes, à des paramètres intrinsèques de la plante (génotype, anatomie, métabolisme, histoire de vie), à des paramètres environnementaux (géographie, climat, saison, exposition aux polluants ou aux produits phytosanitaires), voire à l'histoire évolutive de la plante ou de la population (domestication, relocalisation). D'ores et déjà, certaines études ont montré que les assemblages de communautés microbiennes de phyllosphère sont plus similaires chez des plantes génétiquement proches que chez des espèces différentes (Redford *et al.*, 2010 ; Kim *et al.*, 2012 ; Bálint *et al.*, 2013). Néanmoins, la proximité spatiale entre plantes peut contribuer à la composition des communautés microbiennes de phyllosphère (Finkel *et al.*, 2012 ; Rastogi *et al.*, 2012). Des facteurs climatiques comme la température, les saisons et l'exposition occasionnelle à des vents de sable (Cordier *et al.*, 2012 ;

Rastogi *et al.*, 2012 ; Bálint *et al.*, 2013), ou des facteurs anthropiques comme l'utilisation de produits phytosanitaires (Shade *et al.*, 2013), jouent un rôle important de structuration. Enfin, la localisation anatomique (feuilles hautes, feuilles basses à proximité du sol, fleurs, fruits, tiges) structure fortement le microbiome associé (Ottesen *et al.*, 2013 ; Shade *et al.*, 2013).

La recherche de communautés « généralistes », majoritairement associées à la phyllosphère, et « spécifiques », inféodées à un environnement donné de la phyllosphère, est essentielle dans la quête d'une meilleure compréhension de ces écosystèmes et des interactions fonctionnelles spécifiques plante/microbiome/facteurs environnementaux. Des données métagénomiques et métaprotéomiques ont permis de proposer les premiers catalogues de phyla bactériens « généralistes » associés à la phyllosphère de différentes plantes mettant ainsi en évidence les Bacteroidetes, les Actinobacteria et les Proteobacteria (Delmotte *et al.*, 2009 ; Redford *et al.*, 2010 ; Lopez-Velasco *et al.*, 2011 ; Kim *et al.*, 2012 ; Rastogi *et al.*, 2012). Pour les levures, la prévalence du phylum *Ascomycota* a été associée au microbiome de feuilles de chêne en Europe (> 90 % des amplicons séquencés) et en Amérique du Nord, avec cependant un assemblage d'espèces différentes (Jumpponen et Jones, 2010 ; Voříšková et Baldrian, 2013). Parmi les communautés spécifiques rencontrées dans la phyllosphère de certaines plantes, on relèvera l'exemple du genre *Massilia*, qui, associé aux feuilles de laitues (Rastogi *et al.*, 2012) et avoisinant 7 % de la population totale bactérienne du microbiome de feuilles d'épinards (Lopez-Velasco *et al.*, 2011), a été identifié préalablement comme un contaminant majeur d'un aérosol utilisé en agriculture. D'où l'hypothèse émise par Rastogi et ses collaborateurs (2012) que la provenance des bactéries du genre *Massilia* associées à la phyllosphère serait liée à des pratiques agricoles.

Une mine de données génomiques à explorer

Si les micro-organismes vivant sur la phyllosphère, qui est un habitat exposé aux rayonnements solaires, étaient capables d'utiliser ces radiations comme source d'énergie complémentaire de celle qu'ils puisent de l'utilisation des ressources carbonées de l'hôte, cela pourrait constituer un avantage sélectif pour la croissance dans un environnement pauvre en nutriments. Une première analyse de données métagénomiques a permis la découverte de rhodopsine microbienne associée à la phyllosphère (Atamna-Ismaeel *et al.*, 2012a). Certains micro-organismes épiphytes seraient donc pourvus d'une pompe à protons qui, grâce au rétinal, serait activée par la lumière dans une fraction du spectre de lumière non chevauchante avec les spectres d'absorption des chlorophylles, clé de voûte du système de photosynthèse des plantes, qui est la source initiale des nutriments utilisables par les micro-organismes épiphytes (Atamna-Ismaeel *et al.*, 2012a). Dans une étude parallèle publiée la même année, la présence de marqueurs de gènes de bactéries phototrophes aérobies anoxygéniques (PAA) a été recherchée. Dans cinq banques métagénomiques de microbiomes de phyllosphère (riz, soja, tabac, tamarix, trèfle), des homologues du gène *bchY* codant la sous-unité Y de la chlorophyllide réductase et du gène *pufM* codant la sous-unité M du centre réactionnel photosynthétique ont été détectés. Des observations au microscope à épifluorescence permettant de mettre en évidence directement les bactéries PAA grâce à la présence de pigments spécifiques ont permis d'estimer qu'elles représentaient entre 1 à 7 % de la population totale des bactéries épiphytes, affiliées en partie au genre *Methylobacterium*, mais surtout à un groupe inconnu de bactéries spécifiquement rencontrées dans la phyllosphère (Atamna-Ismaeel *et al.*, 2012b).

Limites de l'approche métagénomique

Sur la base de courbes de raréfaction des métadonnées obtenues avec les gènes codant les ARN ribosomiques, la diversité bactérienne dans la phyllosphère semble comparable chez plusieurs plantes et avoisinerait celle du microbiome humain. Elle serait cependant bien moindre que celles de la rhizosphère, du sol ou des systèmes marins (Delmotte *et al.*, 2009 ; Knief *et al.*, 2012). La profondeur du séquençage métagénomique peut limiter la détection de communautés bactériennes spécifiques de la phyllosphère, surtout lorsqu'elles sont minoritaires. Ainsi, les communautés de bactéries PAA (< 0,4 %) n'ont pas été détectées dans les données du métagénome du microbiome de feuilles du tamarix (Atamna-Ismaeel *et al.*, 2012a), alors que leur présence chez d'autres plantes a été mise en évidence d'une manière directe par observation microscopique (Atamna-Isameel *et al.*, 2012b). Ainsi, des approches complémentaires sont nécessaires pour détecter des populations minoritaires en utilisant des approches d'observation microscopique — *fluorescence in situ hybridization* ou FISH ; *fluidic force microscope* ou FluidFM (Stiefel *et al.*, 2013) —, et pour aborder les aspects fonctionnels de l'adaptation des micro-organismes au mode de vie sur la phyllosphère par des méta-analyses combinées de protéomique, de transcriptomique et de métabolomique (Delmotte *et al.*, 2009 ; Knief *et al.*, 2011, 2012). La grande majorité des études métagénomiques des microbiomes de phyllosphère (tableau 8.1) est basée sur le séquençage d'ADN de gènes marqueurs préalablement amplifiés par PCR, ce qui introduit des biais imposés par le choix des amorces et les conditions d'amplification (Mao *et al.*, 2012). Ainsi, certains choix d'amorces ciblant le gène 16S rRNA peuvent conduire à la non-détection des cyanobactéries (Redford *et al.*, 2010). Ceci peut être évité par le séquençage et l'analyse à très grande échelle de l'ADN métagénomique des microbiomes, ce qui dans les prochaines années sera facilité par l'abaissement des coûts de séquençage et par l'amélioration et la simplification des outils bio-informatiques.

Promesses de l'étude métagénomique des microbiomes de phyllosphère

Qu'apporte la métagénomique dans l'étude des microbiomes de phyllosphère ? En premier lieu, comme dans l'étude d'autres communautés microbiennes (Vandenkoornhuyse *et al.*, 2010), elle apporte un approfondissement des connaissances fondamentales de l'écologie microbienne, en incluant un compartiment terrestre très vaste et longtemps négligé. La dynamique de la phyllosphère est adaptée pour des études théoriques en écologie de l'origine de la biodiversité (Meyer et

Leveau, 2012 ; Finkel *et al.*, 2012) et permet d'aborder des questionnements nouveaux en écologie fonctionnelle :

– Parmi les liens de co-évolution entre le microbiome et la plante-hôte, peut-on identifier des interactions de type symbiotique au niveau de la surface de la phyllosphère ?

– Dans quelle mesure les micro-organismes épiphytes interviennent-ils dans la composition chimique de l'atmosphère en agissant sur les molécules gazeuses émises par les plantes ?

– Dans quelle mesure les micro-organismes épiphytes sont-ils capables d'agir sur des produits toxiques volatils dispersés par les activités humaines ?

Les activités combinées des communautés microbiennes façonnent la biosphère à un niveau global. Parmi les composés organiques volatils émis par les plantes au niveau de la phyllosphère pouvant jouer un rôle dans la régulation du climat, on notera des composés métabolisables par des bactéries méthylotrophes tels que le chlorométhane (Nadalig *et al.*, 2011) et le diméthyl sulfide (DMS ; Schäfer *et al.*, 2009). Il est donc probable que les microbiomes de phyllosphère jouent un rôle majeur dans les processus de signalisation écosystémique impliquant des composés volatils. Les premières études des microbiomes de nuage montrent la présence de bactéries dominantes communes avec les microbiomes de phyllosphère, suggérant la possibilité que les micro-organismes épiphytes soient adaptés aux conditions dans la troposphère (Šantl-Temkiv *et al.*, 2013). Ces micro-organismes pourraient servir de micro-particules de condensation de l'eau lors de la formation des nuages et aussi intervenir dans les cycles globaux du carbone par métabolisation de composés organiques présents dans les nuages. Il y aurait donc des liens possibles entre les microbiomes de phyllosphère et ceux des nuages avec un impact sur la régulation du climat.

Les micro-organismes épiphytes présentent des capacités de dégradation de composés organiques toxiques pour la plante, l'homme ou l'environnement. De telles capacités pourraient à l'avenir être recrutées dans des stratégies de décontamination conduites par la phyllosphère. Cette phylloremédiation pourrait concerner les composés organiques déjà reconnus comme dégradables par les micro-organismes épiphytes — tels que la nicotine (Sguros, 1955), le phénol (Sandhu *et al.*, 2007), les hydrocarbures aromatiques polycycliques (acénaphthylène, acénaphthène, fluorène, phénanthrène) émis par les voitures (Yutthammo *et al.*, 2010), ou le chlorométhane et l'isoprène, qui sont émis principalement par les plantes — et modulerait l'abondance de l'ozone de l'atmosphère (Nakamiya *et al.*, 2009 ; Nadalig *et al.*, 2011). Il a été montré que, dans le phyllum des Actinobactéries, le genre *Arthrobacter* est capable de dégrader de nombreux composés organiques, de se multiplier et de persister dans la phyllosphère (Scheublin et Leveau, 2013). Différentes espèces d'*Arthrobacter* dégradent des hydrocarbures aromatiques (phénol, chlorophénol, BTEX, phénanthrène), des s-triazines (atrazine, cyanazine), et divers pesticides (phénylurées, glyphosate, malathion) (Scheublin et Leveau, 2013). L'utilisation de plantes porteuses de communautés microbiennes actives dans la dégradation de composés organiques est envisageable dans des projets de décontamination atmosphérique en milieu urbain ou industriel, voire en zone agricole, dans le contexte des bandes enherbées. De plus, il est également concevable d'utiliser comme probiotique des micro-organismes épiphytes qui ont des effets bénéfiques sur la plante (Berlec, 2012).

En conclusion, nous sommes à l'aurore de la caractérisation des microbiomes de phyllosphère terrestre, ce qui ouvre de nombreuses perspectives scientifiques et biotechnologiques dépassant largement le cadre agronomique qui a été jusqu'à présent principalement pris en considération.

Références bibliographiques

Atamna-Ismaeel N., Finkel O.M., Glaser F., Sharon I., Schneider R., Post A.F., Spudich J.L., von Mering C., Vorholt J.A., Iluz D., Béjà O., Belkin S., 2012a. Microbial rhodopsins on leaf surfaces of terrestrial plants. *Environ. Microbiol.*, 14, 140-146.

Atamna-Ismaeel N., Finkel O., Glaser F., von Mering C., Vorholt J.A., Koblížek M., Belkin S., Béjà O., 2012b. Bacterial anoxygenic photosynthesis on plant leaf surfaces. *Environ. Microbiol. Rep.*, 4, 209-216.

Bálint M., Tiffin P., Hallström B., O'Hara R.B., Olson M.S., Fankhauser J.D., Piepenbring M., Schmitt I., 2013. Host genotype shapes the foliar fungal microbiome of balsam poplar (Populus balsamifera). *PLoS ONE*, 8, e53987.

Berlec A., 2012. Novel techniques and findings in the study of plant microbiota: search for plant probiotics. *Plant Sci.*, 193-194, 96-102.

Cordier T., Robin C., Capdevielle X., Fabreguettes O., Desprez-Loustau M.L., Vacher C., 2012. The composition of phyllosphere fungal assemblages of European beech (Fagus sylvatica) varies significantly along an elevation gradient. *New Phytol.*, 196, 510-519.

Delmotte N., Knief C., Chaffron S., Innerebner G., Roschitzki B., Schlapbach R., von Mering C., Vorholt J.A., 2009. Community proteogenomics reveals insights into the physiology of phyllosphere bacteria. *Proc. Natl Acad. Sci. USA*, 106, 16428-16433.

Finkel O.M., Burch A.Y., Elad T., Huse S.M., Lindow S.E., Post A.F., Belkin S., 2012. Distance-decay relationships partially determine diversity patterns of phyllosphere bacteria on Tamarix trees across the Sonoran Desert. *Appl. Environ. Microbiol.*, 78, 6187-6193.

Hirano S.S., Upper C.D., 2000. Bacteria in the leaf ecosystem with emphasis on Pseudomonas syringe - a pathogen, ice nucleus, and epiphyte. *Microbiol. Mol. Biol. Rev.*, 64, 624-653.

Jumpponen A., Jones K.L., 2010. Seasonally dynamic fungal communities in the Quercus macrocarpa phyllosphere differ between urban and nonurban environments. *New Phytol.*, 186, 496-513.

Kim M., Singh D., Lai-Hoe A., Go R., Abdul Rahim R., Ainuddin A.N., Chun J., Adams J.M., 2012. Distinctive phyllosphere bacterial communities in tropical trees. *Microb. Ecol.*, 63, 674-681.

Knief C., Delmotte N., Vorholt J.A., 2011. Bacterial adaptation to life in association with plants - A proteomic perspective from culture to *in situ* conditions. *Proteomics*, 11, 3086-3105.

Knief C., Delmotte N., Chaffron S., Stark M., Innerebner G., Wassmann R., von Mering C., Vorholt J., 2012. Metaproteogenomic analysis of microbial communities in the phyllosphere and rhizosphere of rice. *ISME J.*, 6, 1378-1390.

Kowalchuk G.A., Yergeau E., Leveau J.H.J., Sessitsch A., Bailey M., 2010. Plant-associated microbial communities. *In : Environmental molecular microbiologie* (Liu W.-T., Jansson J.K., eds), Caister Academic Press, pp. 131-148.

Lopez-Velasco G., Welbaum G.E., Boyer R.R., Mane S.P., Ponder M.A., 2011. Changes in spinach phylloepiphytic bacteria communities following minimal processing and refrigerated storage described using pyrosequencing of 16S rRNA amplicons. *J. Appl. Microbiol.*, 110, 1203-1214.

Mao D.P., Zhou Q., Chen C.Y., Quan Z.X., 2012. Coverage evaluation of universal bacterial primers using the metagenomic datasets. *BMC Microbiol.*, 12, 66.

Meyer K.M., Leveau J.H., 2012. Microbiology of the phyllosphere: a playground for testing ecological concepts. *Oecologia*, 168, 621-629.

Nadalig T., Farhan U.I. Haque M., Roselli S., Schaller H., Bringel F., Vuilleumier S., 2011. Detection and isolation of chloromethane-degrading bacteria from the Arabidopsis thaliana phyllosphere, and characterization of chloromethane utilization genes. *FEMS Microbiol. Ecol.*, 77, 438-448.

Nakamiya K., Nakayama T., Ito H., Shibata Y., Morita M., 2009. Isolation and properties of a 2-chlorovinylarsonic acid-degrading microorganism. *J. Hazard. Mater.*, 165, 388-393.

Ottesen A.R., González Peña A., White J.R., Pettengill J.B., Li C., Allard S., Rideout S., Allard M., Hill T., Evans P., Strain E., Musser S., Knight R., Brown E., 2013. Baseline survey of the anatomical microbial ecology of an important food plant: Solanum lycopersicum (tomato). *BMC Microbiol.*, 13, 114.

Rastogi G., Sbodio A., Tech J.J., Suslow T.V., Coaker G.L., Leveau J.H., 2012. Leaf microbiota in an agroecosystem: spatiotemporal variation in bacterial community composition on field-grown lettuce. *ISME J.*, 6, 1812-1822.

Redford A.J., Bowers R.M., Knight R., Linhart Y., Fierer N., 2010. The ecology of the phyllosphere: geographic and phylogenetic variability in the distribution of bacteria on tree leaves. *Environ. Microbiol.*, 12, 2885-2893.

Ruinen J., 1961. The phyllosphere. I. An ecologically neglected milieu. *Plant Soil*, 15, 81-109.

Sandhu A., Halverson L.J., Beattie G.A. 2007. Bacterial degradation of airborne phenol in the phyllosphere. *Environ. Microbiol.*, 9, 383-392.

Šantl-Temkiv T., Finster K., Dittmar T., Hansen B.M., Thyrhaug R., Nielsen N.W., Karlson U.G., 2013. Hailstones: a window into the microbial and chemical inventory of a storm cloud. *PLoS ONE*, 8, e53550.

Schäfer H., Myronova N., Boden R., 2009. Microbial degradation of dimethylsulphide and related C1-sulphur compounds: organisms and pathways controlling fluxes of sulphur in the biosphere. *J. Exp. Bot.*, 61, 315-334.

Schreiber L., Krimm U., Knoll D., 2004. Interactions between epiphyllic microorganisms and leaf cuticles. *In : Plant surface microbiologie* (Varma A., Abbott L., Werner D., Hampp R., eds), Springer-Verlag Berlin Heidelberg, pp. 145-156.

Scheublin R.J., Leveau J.H.J., 2013. Isolation of Arthobacter species from the phyllosphere and demonstration of their epiphytic fitness. *Microbiology Open*, 2, 205-213.

Sguros P.L., 1955. Microbial transformations of the tobacco alkaloids. I. Cultural and morphological characteristics of a nicotinophile. *J. Bacteriol.*, 69, 28-37.

Shade A., McManus P.S., Handelsman J., 2013. Unexpected diversity during community succession in the apple flower microbiome. *MBio.*, 4, e00602-12.

Stiefel P., Zambelli T., Vorholt J.A., 2013. Isolation of optically targeted single bacteria by application of fluidic force microscopy to aerobic anoxygenic phototrophs from the phyllosphère. *Appl. Environ. Microbiol.*, 79, 4895-4905.

Turner T.R., James E.K., Poole P.S., 2013. The plant microbiome. *Genome Biol.*, 14, 209.

Vandenkoornhuyse P., Dufresne A., Quaiser A., Gouesbet G., Binet F., Francez A.J., Mahe S., Bormans M., Lagadeuc Y., Couée I., 2010. Integration of molecular functions at the ecosystemic level: breakthroughs and future goals of environmental genomics and post-genomics. *Ecology Lett.*, 13, 776-791.

Vorholt J.A., 2012. Microbial life in the phyllosphere. *Nature Rev.*, 10, 828-840.

Voříšková J., Baldrian P., 2013. Fungal community on decomposing leaf litter undergoes rapid successional changes. *ISME J.*, 7, 477-486.

Yutthammo C., Thongthammachat N., Pinphanichakarn P., Luepromchai E., 2010. Diversity and activity of PAH-degrading bacteria in the phyllosphere of ornament plants. *Microbiol. Ecol.*, 59, 357-368.

Synthèse et perspectives

Marie-Christine Champomier-Vergès, Monique Zagorec

La métagénomique repose sur une approche et une technologie extrêmement prometteuses mais encore balbutiantes, nécessitant des ressources méthodologiques, financières et intellectuelles conséquentes. Les environnements dans lesquels l'homme évolue ont été explorés, permettant de mettre en évidence les communautés bactériennes avec lesquelles il interagit parce qu'il les utilise, les héberge, voire les subit.

L'apport de l'évolution de la technologie de séquençage

La métagénomique repose sur la technologie de séquençage de l'ADN à haut, voire très haut, débit. La technique de séquençage évolue constamment et de nouvelles générations d'appareils apparaissent régulièrement sur le marché avec des possibilités toujours accrues en termes de débit, de rapidité ou de simplicité d'usage. On assiste également à une diminution drastique des coûts de séquençage ce qui attire de plus en plus de potentiels utilisateurs, que ce soit dans le monde académique ou industriel. En témoigne l'augmentation constante du nombre de publications dans les bases de données ou les offres de services de sociétés dans différents domaines pour réaliser ces prestations. Pour illustration, une recherche dans le Web of Knowledge (http://apps.webofknowledge.com/) effectuée en décembre 2014 montre qu'avec le mot clé *metagenomics* dans le champ disciplinaire (ou topic), plus de 2 000 articles scientifiques sont identifiés (N = 2 034 le 05/12/2014). Le premier date de 2003 et dès 2010 on pouvait noter la forte croissance du nombre d'articles publiés dans le domaine (près de 200 en 2010). Pour l'année 2013, on en dénombre 418. Ces chiffres montrent clairement la croissance exponentielle des productions scientifiques se rapportant à la métagénomique. Les États-Unis sont très largement en tête dans le domaine (près de 50 % des publications), l'Allemagne, la France, la République Populaire de Chine et le Royaume-Uni se partageant les places suivantes avec respectivement 10,8 %, 8,8 %, 7,3 % et 7,2 % de ces publications.

Toutefois, le séquençage en masse produit un déluge de données qui requièrent des processus d'analyse bio-informatique (pipelines) et des structures de stockage importantes. En effet, l'enjeu de la métagénomique est bien de générer des connaissances, de les partager et de les diffuser. La transformation des données en nouvelles informations passe par des analyses bio-informatiques et de nouveaux outils sont générés en permanence, que les biologistes doivent apprendre à utiliser. L'intégration de ces données en informations puis en connaissances et savoirs va requérir de plus en plus de temps. Il est estimé qu'à l'horizon 2020, si l'on considère les quatre phases du processus de séquençage de l'ADN : le design expérimental, le séquençage, le traitement des données puis l'analyse, c'est cette dernière qui prendra le plus d'importance, représentant 50 % du processus tandis que la part pure de séquençage ne cesse de baisser depuis les années 2000 et ne devrait plus constituer que 5 % environ du processus[6].

Le stockage et le partage des données nécessitent aussi des besoins en structure et en organisation des collectifs : bases de données dédiées et accessibles, organisation de communautés scientifiques autour de projets alimentant et partageant les mêmes bases de données. Le chapitre 1 évoque l'importance du design expérimental et de la stratégie d'échantillonnage ainsi que les méthodes de séquençage à haut débit existant sur le marché. Le chapitre 2 montre comment transformer les données brutes en connaissance. Les chapitres traitant d'exemples d'écosystèmes étudiés par métagénomique se font également l'écho de l'importance de ces étapes et des bases de données.

La caractérisation des écosystèmes de domaines très variés

Le champ d'application de la métagénomique s'est élargi depuis les laboratoires de recherche vers des développements possibles visant l'environnement, la santé ou l'agro-alimentaire.

La capacité de cette approche à produire un recensement quasi exhaustif — ou du moins, bien plus exhaustif que ne le permettaient les méthodes de microbiologie classique — des organismes à partir d'un environnement donné a conduit à mettre en évidence un nombre parfois insoupçonné de micro-organismes dans de multiples niches écologiques. Même si tous ces micro-organismes ne sont pas encore connus, et pour certains pas encore cultivables, la métagénomique a contribué à montrer leur évolution dynamique dans de nombreux écosystèmes. La communauté scientifique s'est intéressée à l'environnement (eau, sol) et ses différents compartiments en lien avec le monde végétal (rhizosphère, phyllosphère) ainsi qu'au monde animal. Différents microbiotes de l'homme (digestif, pulmonaire, cutané) ont été caractérisés. Dans le domaine agro-alimentaire, l'incursion est encore timide, parce plus récente, mais des études de plus en plus exhaustives sont produites.

Connaître et comprendre les mécanismes qui régissent l'évolution des communautés bactériennes telluriques mais aussi celles de la rhizosphère ou de la phyllosphère peut en effet être d'une grande utilité dans les domaines de

---

6. Sboner A., Mu X. J., Greenbaum D., Auerbach R.K., Gerstein M.B., 2011. The real cost of sequencing: higher than you think! *Genome Biology*, 12-125.

l'agriculture, de l'agroforesterie, de la bioremédiation. Ces études peuvent aider dans des domaines très différents comme comprendre l'appauvrissement d'un sol, suivre l'effet de traitements phytosanitaires, de changements climatiques, etc. Le domaine de la santé s'est lui particulièrement préoccupé de l'utilisation pronostique en médecine de cet outil d'exploration puissant des microbiotes humains et de sa potentialité à établir des biomarqueurs. Ainsi, de nombreuses maladies chroniques et inflammatoires de l'intestin, l'obésité, l'asthme ou le diabète ont été abordées via la structure et la composition des microbiotes par les approches de métagénomique. L'étude de cohortes et la comparaison de sujets sains ou atteints de maladies a permis de corréler certaines pathologies avec la présence ou l'absence de certaines communautés bactériennes ou des déséquilibres (dysbioses) de ces communautés. Dans le domaine alimentaire, les communautés microbiennes des aliments étaient supposées être parmi les mieux connues en comparaison des microbiotes animaux ou des autres écosystèmes mentionnés plus haut notamment en raison de la faible diversité de genres et d'espèces présents. Cependant, de nouvelles espèces, parfois dominantes, ont été découvertes dans certains aliments, ébranlant ce dogme. La qualité microbiologique des aliments et la détermination de la durée de vie des denrées alimentaires (exprimée par la DLC, date limite de consommation) sont basées principalement sur des méthodes purement culturales (dénombrement de bactéries sur boîtes de Pétri). La découverte de la présence d'espèces insoupçonnées, ou parfois inconnues, pourrait bien avoir des conséquences sur la validité de ces pratiques. À ce titre, des sociétés de service commencent à proposer des offres de caractérisation de profils métagénomiques des aliments dans le but de répertorier les bactéries responsables des altérations, de vérifier la conformité des aliments par rapport aux normes de salubrité, de suivre l'évolution microbiologique de ces produits… S'il n'est pas dans l'immédiat envisageable de modifier les méthodes de détection des micro-organismes dans le cadre des normes régissant la qualité microbiologique de nos aliments, il est toutefois probable que celles-ci devront évoluer.

Les différentes facettes de l'exploration du vivant par la métagénomique

Nous avons vu également que la métagénomique représente aussi une approche de choix dans le champ des biotechnologies blanches pour relever le défi de la recherche de nouvelles fonctions et l'exploration de la diversité du vivant et des capacités de la biomasse. C'est tout le développement des approches de métagénomique fonctionnelle sur la recherche de nouvelles fonctions dans le domaine de l'énergie, l'environnement ou la santé, à partir d'écosystèmes aussi divers que le rumen, le sol, le tube digestif de l'homme ou de certains insectes. Par cette approche, ce n'est pas tant une description exhaustive qui est recherchée mais plutôt de tirer parti des activités enzymatiques du monde vivant (dont nous ne connaissons finalement qu'une infime partie) pour rechercher de nouvelles fonctions ou de nouveaux métabolites qui existent dans la nature et que nous pourrions utiliser. La découverte de nouvelles enzymes pour dégrader des matières polluantes ou de nouvelles molécules à visée thérapeutique ou biotechnologique est effectivement l'une des retombées attendues de la métagénomique. La démarche de criblage en soi n'est pas nouvelle, mais la métagénomique a révolutionné l'étendue de ce criblage et des environnements criblés. Là aussi, l'évolution des méthodes, aussi bien le séquençage à haut débit que les nano- ou micro-technologies, permet de cribler un grand nombre d'éléments pour trouver l'aiguille dans la botte de foin comme mentionné dans le chapitre 6.

L'utilisation plus classique de la métagénomique (établir les communautés microbiennes présentes dans un environnement donné) devrait aussi aboutir logiquement au développement d'outils de diagnostic reproductible et efficace. La rapidité d'analyse et la baisse des coûts de séquençage permettront une analyse rapide de communautés comme ce fut le cas pour le séquençage des génomes bactériens, ou même du génome humain. Pour exemple, lorsqu'en juin 2011 une épidémie due à *Escherichia coli* O104:H4 dans des graines germées est apparue, le génome de la souche en question a été rapidement séquencé, une situation inimaginable 10 ans auparavant. De même, pour la publication d'une nouvelle technologie de séquençage rapide, les auteurs ont séquencé le génome d'un être humain, tout simplement, mais avec humour[7]. En effet les auteurs ont séquencé le génome de Gordon Moore (qui avait donné son accord pour la publication de sa séquence d'ADN), le père de la loi de Moore. Cette loi appliquée sur le doublement de la capacité de stockage des ordinateurs tous les deux ans a également montré qu'avec les nouvelles technologies de séquençage, le déluge de données issues de la génomique dépasserait la capacité de stockage informatique. Il est raisonnable de penser que le boom de la métagénomique, comme celui de la génomique, va avoir des retombées importantes pour la société. Comme mentionné plus haut, des services visant à déterminer les communautés bactériennes d'aliments commencent à être proposés. La détermination de notre microbiote intestinal est elle aussi envisagée comme outil de dépistage. Ces approches peuvent être perçues avec une certaine crainte et appelleront certainement à des réflexions sur l'éthique de diffusion et d'utilisation de ces données.

Les limites de la métagénomique

L'apport de la métagénomique au champ de connaissances générées par la communauté scientifique et les applications qui vont en découler sont indéniables. L'image d'un iceberg avec sa partie émergée (l'étendue de nos connaissances en écologie microbienne) et sa partie immergée (l'étendue dix fois plus grande de notre ignorance) est souvent utilisée par la communauté scientifique pour exprimer que seules 10 % des bactéries sont connues.

La métagénomique a permis de mettre en évidence des espèces, des genres, voire simplement des familles de micro-organismes que nous ne connaissions pas. Parfois, des bactéries non cultivées jusqu'alors, ont été détectées parmi les populations pourtant dominantes de certaines communautés microbiennes. Ainsi, la partie visible de l'iceberg s'est étendue. Mais pour autant, cette mise en évidence de nouvelles

---

7. Rothberg J.M., Hinz W., Rearick T.M., Schultz J., Mileski W., Davey M., *et al.*, 2011. An integrated semiconductor device enabling non-optical genome sequencing. *Nature,* 475, 348-352.

bactéries, archées, ou même virus grâce au séquençage de l'ADN ne signifie pas que nous soyons en mesure de les définir, ni de les cultiver. Ceci constitue l'une des limites de la métagénomique : voir, détecter la présence, quantifier un élément (un gène, une population), mais ne pas le tenir physiquement. Décrire une communauté microbienne est une première étape, comprendre sa dynamique, les fonctions qu'elle exprime ou les interactions qui s'y produisent en est une seconde. Maîtriser, modifier, utiliser ces communautés sont les ultimes étapes. La plupart des études publiées à ce jour n'en sont qu'à la première étape et nous ne devons pas oublier le chemin qui reste à parcourir.

De même, l'extrême variabilité du vivant ne doit pas être oubliée. Ce qui est vrai pour un écosystème défini ne l'est pas toujours pour un autre. Par ailleurs, établir une corrélation entre un assemblage de communautés bactériennes et un état particulier (homme sain/malade, aliment salubre/insalubre, etc.) ne permet pas toujours de discerner les causes des conséquences. Par exemple, il a longtemps été considéré que les bactéries dominantes lorsqu'un aliment était altéré étaient celles-là mêmes qui causaient l'altération. Des études visant à reproduire l'altération avec des isolats bactériens issus de produits altérés et mis en évidence par métagénomique comme étant les espèces dominantes de ces produits altérés ont infirmé cette hypothèse sur certains aliments et pour certaines espèces. De manière similaire, il est parfois difficile de trancher si c'est la présence ou l'absence de certaines communautés bactériennes qui sont la cause de maladies (notamment intestinales), ou si c'est l'état pathologique qui a un effet sur l'équilibre de ces communautés bactériennes. La nécessité de vérifier l'information fournie par l'approche métagénomique par d'autres méthodes ou expérimentations, lorsque cela est faisable, ne doit donc pas être oubliée. Ainsi un juste équilibre entre l'enthousiasme et le scepticisme devrait être de mise[8].

La métagénomique a suscité un très grand intérêt mais les limites techniques doivent aussi être prises en compte : une mauvaise stratégie d'échantillonnage, un biais au niveau de l'extraction de l'ADN ou de l'amplification par PCR peuvent conduire à des résultats erronés. Des contaminations provenant des kits d'extraction d'ADN ou de différents réactifs ont été rapportées[9]. La présence d'ADN contaminant, dès l'étape d'extraction d'ADN, peut laisser penser à tort qu'une espèce bactérienne est détectée au sein d'une communauté. Toutes les espèces bactériennes peuvent ne pas être sensibles aux étapes de lyse cellulaire entraînant un biais dans leur représentation au niveau de leur ADN. Enfin, les étapes de PCR requises pour certaines approches peuvent également induire des biais conduisant à une sur- ou une sous-estimation de certaines populations. Dans le cas particulier des études visant à séquencer uniquement des portions de gènes ribosomiques, le nombre de

---

8. Hanage W.P., 2014. Microbiome science needs a healthy dose of scepticism. *Nature,* 512, 247-248.

9. Salter S.J., Cox M.J., Turek E.M., Calus S.T., Cookson W.O., Moffatt M.F., Turner P., Parkhill J., Loman N.J., Walker A.W., 2014. Reagent and laboratory contamination can critically impact sequence-based microbiome analyses. *BMC Biology*, 12, 87.

copies des gènes n'est pas pris en compte. Par exemple, des bactéries possédant un grand nombre de copies du gène codant l'ADNr 16S peuvent ainsi être surestimées par rapport à des espèces possédant peu de copies de ce gène. Enfin, la métagénomique ne permet pas à ce jour de discerner les communautés d'espèces au niveau infra-spécifique. On peut estimer et quantifier de manière relative jusqu'à l'espèce bactérienne, mais pas encore au niveau de la souche. La génomique bactérienne a révélé qu'une grande variabilité génétique peut exister entre les souches appartenant à une même espèce (jusqu'à 20-30 % de différence de contenu génomique ont été rapportés pour certaines espèces). Mais la métagénomique ne permet pas encore de distinguer les individus.

Les défis futurs

À ces défis d'analyse de données de séquençage viendra s'ajouter la nécessité d'analyses multi-données et de leur intégration afin de mieux répondre aux enjeux scientifiques et aux attentes sociétales. En effet, la description, la compréhension puis la maîtrise des communautés microbiennes d'une multitude d'environnements, nécessiteront de combiner différents types de données « méta-omiques ». La modélisation de ces assemblages de données sera aussi un challenge scientifique important pour les années, voire les décennies, futures.

Liste des auteurs

Philippe BERTIN
Professeur des Universités
Université de Strasbourg, Génétique
Moléculaire, Génomique et Microbiologie
UMR7156 UDS/CNRS
28 rue Goethe,
67083 Strasbourg cedex

Françoise BRINGEL
Directrice de recherche
Université de Strasbourg, Génétique
Moléculaire, Génomique, Microbiologie,
UMR7156 CNRS
28 rue Goethe,
67083 Strasbourg cedex

Stéphane CHAILLOU
Chargé de recherche
INRA, Unité Microbiologie
de l'Alimentation au service
de la Santé (Micalis)
UMR1319,
78350 Jouy-en-Josas

Marie-Christine CHAMPOMIER-VERGÈS
Directrice de recherche
INRA, Unité Microbiologie
de l'Alimentation au service
de la Santé (Micalis)
UMR1319,
78350 Jouy-en-Josas

Nicolas CHEMIDLIN PRÉVOST-BOURE
Maître de conférences
AgroSup Dijon, Unité Agroécologie
UMR 1347,
21065 Dijon

Ivan COUÉE
Professeur
Université de Rennes 1, Ecosystèmes-
Biodiversité-Evolution, UMR 6553 CNRS,
Campus de Beaulieu, bâtiment 14A,
35042 Rennes cedex

Philippe GÉRARD
Directeur de recherche
INRA, Unité Microbiologie
de l'Alimentation au service
de la Santé (Micalis)
UMR1319,
78350 Jouy-en-Josas

Elisabeth LAVILLE
Chargée de recherche
Université de Toulouse,
INSA, UPS, INP ; LISBP, UMR5504,
UMR792 Ingénierie des Systèmes
Biologiques et des Procédés, CNRS, INRA,
135 Avenue de Rangueil,
31077 Toulouse

Philippe LEMANCEAU
Directeur de recherche
INRA, Unité Agroécologie
UMR 1347,
21065 Dijon

Patricia LEPAGE
Chargée de recherche
INRA, Unité Microbiologie
de l'Alimentation au service
de la Santé (Micalis)
UMR1319,
78350 Jouy-en-Josas

Guy Perrière
Directeur de recherche
CNRS Biométrie et Biologie Evolutive,
UMR CNRS 5558,
Université Claude Bernard –
Lyon 1. 43 bd. du 11 Novembre 1918,
69622 Villeurbanne cedex

Barbara Pivato
Chargée de recherche
INRA, Unité Agroécologie
UMR 1347,
21065 Dijon

Frédéric Plewniak
Ingénieur de recherche
Université de Strasbourg, Génétique
Moléculaire, Génomique et Microbiologie
UMR7156 UDS/CNRS
28 rue Goethe,
67083 Strasbourg cedex

Gabrielle Potocki-Véronèse
Directrice de recherche
Université de Toulouse ;
INSA, UPS, INP ; LISBP, UMR5504,
UMR792 Ingénierie des Systèmes
Biologiques et des Procédés,
CNRS, INRA, 135 Avenue de Rangueil,
31077 Toulouse

Benoît Remenant
Ingénieur de recherche
INRA, Oniris, UMR1014 SECALIM
Route de Gachet, CS40706,
44307 Nantes

Pierre Renault
Directeur de recherche
INRA, Unité Microbiologie de
l'Alimentation au service de la Santé
(Micalis)
UMR1319,
78350 Jouy-en-Josas

Lisa Ufarté
Doctorante
Université de Toulouse ;
INSA, UPS, INP ; LISBP, UMR5504,
UMR792 Ingénierie des Systèmes
Biologiques et des Procédés,
CNRS, INRA, 135 Avenue de Rangueil,
31077 Toulouse

Monique Zagorec
Directrice de recherche
INRA, Oniris,
UMR1014 SECALIM
Route de Gachet,
CS40706,
44307 Nantes

www.ingramcontent.com/pod-product-compliance
Lightning Source LLC
LaVergne TN
LVHW020949200726
843508LV00004B/1398